技工院校"十四五"规划计算机广告制作专业系列教材
中等职业技术学校"十四五"规划艺术设计专业系列教材

UI 设计

黄家玲 龚芷月 朱江 余晓敏 主编
吴翠 副主编

华中科技大学出版社
http://www.hustp.com
中国·武汉

内容提要

　　本书依据企业对人才的需求，结合职业教育的教学理念，在编写体例上与技工院校倡导的教学设计项目化、任务化，课程设计教、学、做一体化，工作任务典型化，知识和技能要求具体化等要求紧密结合。项目一系统地介绍 UI 设计的基本知识，项目二讲解 UI 设计项目流程，项目三讲解旅游类界面设计与技能实训，项目四讲解影音类界面设计与技能实训，项目五介绍电商类界面设计与技能实训，项目六讲解游戏类界面设计与技能实训，项目七通过赏析 UI 设计优秀案例提高学生的鉴赏能力。

图书在版编目（CIP）数据

UI 设计 / 黄家玲等主编 . — 武汉：华中科技大学出版社，2022.1

ISBN 978-7-5680-7879-5

Ⅰ.①U… Ⅱ.①黄… Ⅲ.①人机界面－程序设计－教材 Ⅳ.① TP311.1

中国版本图书馆 CIP 数据核字 (2022) 第 000085 号

UI 设计

UI Sheji

黄家玲　龚芷月　朱江　余晓敏　主编

策划编辑：金　紫

责任编辑：彭霞霞

装帧设计：金　金

责任监印：朱　玢

出版发行：华中科技大学出版社（中国·武汉）　　　电　　话：（027）81321913

　　　　　武汉市东湖新技术开发区华工科技园　　　邮　　编：430223

录　　排：天津清格印象文化传播有限公司

印　　刷：湖北新华印务有限公司

开　　本：889mm×1194mm　1/16

印　　张：9

字　　数：298 千字

版　　次：2022 年 1 月第 1 版第 1 次印刷

定　　价：55.00 元

本书若有印装质量问题，请向出版社营销中心调换

全国免费服务热线 400-6679-118 竭诚为您服务

版权所有 侵权必究

技工院校"十四五"规划计算机广告制作专业系列教材
中等职业技术学校"十四五"规划艺术设计专业系列教材
编写委员会名单

● 编写委员会主任委员

文健（广州城建职业学院科研副院长）　　　　　　　宋雄（广州市工贸技师学院文化创意产业系副主任）

叶晓燕（广东省交通城建技师学院艺术设计系主任）　张倩梅（广东省交通城建技师学院艺术设计系副主任）

周红霞（广州市工贸技师学院文化创意产业系主任）　吴锐（广州市工贸技师学院文化创意产业系广告设计教研组组长）

黄计惠（广东省轻工业技师学院工业设计系教学科长）汪志科（佛山市拓维室内设计有限公司总经理）

罗菊平（佛山市技师学院应用设计系副主任）　　　　林姿含（广东省服装设计师协会副会长）

● 编委会委员

陈杰明、梁艳丹、苏惠慈、单芷颖、曾铮、陈志敏、吴晓鸿、吴佳鸿、吴锐、尹志芳、陈思彤、曾洁、刘毅艳、杨力、曹雪、高月斌、陈矗、高飞、苏俊毅、何淦、欧阳敏琪、张琮、冯玉梅、黄燕瑜、范婕、杜聪聪、刘新文、陈斯梅、邓卉、卢绍魁、吴婧琳、钟锡玲、许丽娜、黄华兰、刘筠烨、李志英、许小欣、吴念姿、陈杨、曾琦、陈珊、陈燕燕、陈媛、杜振嘉、梁露茜、何莲娣、李谋超、刘国孟、刘芊宇、罗泽波、苏捷、谭桑、徐红英、阳彤、杨殿、余晓敏、刁楚舒、鲁敬平、汤虹蓉、杨嘉慧、李鹏飞、邱悦、冀俊杰、苏学涛、陈志宏、杜丽娟、阳丽艳、黄家岭、冯志瑜、丛章永、张婷、劳小芙、邓梓艺、龚芷玥、林国慧、潘启丽、李丽雯、赵奕民、吴勇、刘殷君、陈玥冰、赖正媛、王鸿书、朱妮迈、谢奇肯、杨晓玲、吴滨、胡文凯、刘灵波、廖莉雅、李佑广、曹青华、陈翠筠、陈细佳、代惠宁、古燕苹、胡年金、荆杰、李津真、梁泉、吴建敏、徐芳、张秀婷、周琼玉、张晶晶、李春梅、高慧兰、陈婕、蔡文静、付盼盼、谭珈奇、熊洁、陈思敏、陈翠锦、李桂芳、石秀萍、周敏慧、邓兴兴、王云、彭伟柱、马殷睿、汪恭海、李竞昌、罗嘉劲、姚峰、余燕妮、何蔚琪、郭咏、马晓辉、关仕杰、杜清华、祁飞鹤、赵健、潘泳贤、林卓妍、李玲、赖柳燕、杨俊龙、朱江、刘珊、吕春兰、张焱、甘明坤、简为轩、陈智盖、陈佳宜、陈义春、孔百花、何旭、刘智志、孙广平、王婧、姚歆明、沈丽莉、施晓凤、王欣苗、陈洁冬、黄爱莲、郑雁、罗丽芬、孙铁汉、郭鑫、钟春琛、周雅靓、谢元芝、羊晓慧、邓雅升、阮燕妹、皮添翼、麦健民、姜兵、童莹、黄汝杰、薛晓旭、陈聪、邝耀明

● 总主编

文健，教授，高级工艺美术师，国家一级建筑装饰设计师。全国优秀教师，2008年、2009年和2010年连续三年获评广东省技术能手。2015年被广东省人力资源和社会保障厅认定为首批广东省室内设计技能大师，2019年被广东省教育厅认定为建筑装饰设计技能大师。中山大学客座教授，华南理工大学客座教授，广州大学建筑设计研究院室内设计研究中心客座教授。出版艺术设计类专业教材120种，拥有具有自主知识产权的专利技术130项。主持省级品牌专业建设、省级实训基地建设、省级教学团队建设3项。主持100余项室内设计项目的设计、预算和施工，项目涉及高端住宅空间、办公空间、餐饮空间、酒店、娱乐会所、教育培训机构等，获得国家级和省级室内设计一等奖5项。

● 合作编写单位

（1）合作编写院校

广州市工贸技师学院	广州市蓝天高级技工学校
佛山市技师学院	茂名市交通高级技工学校
广东省交通城建技师学院	广州城建技工学校
广东省轻工业技师学院	清远市技师学院
广州市轻工技师学院	梅州市技师学院
广州白云工商技师学院	茂名市高级技工学校
广州市公用事业技师学院	汕头技师学院
山东技师学院	广东省电子信息高级技工学校
江苏省常州技师学院	东莞实验技工学校
广东省技师学院	珠海市技师学院
台山敬修职业技术学校	广东省机械技师学院
广东省国防科技技师学院	广东省工商高级技工学校
广州华立学院	深圳市携创高级技工学校
广东省华立技师学院	广东江南理工高级技工学校
广东花城工商高级技工学校	广东羊城技工学校
广东岭南现代技师学院	广州市从化区高级技工学校
广东省岭南工商第一技师学院	肇庆市商业技工学校
阳江市第一职业技术学校	广州造船厂技工学校
阳江技师学院	海南省技师学院
广东省粤东技师学院	贵州省电子信息技师学院
惠州市技师学院	广东省民政职业技术学校
中山市技师学院	广州市交通技师学院
东莞市技师学院	广东机电职业技术学院
江门市新会技师学院	中山市工贸技工学校
台山市技工学校	河源职业技术学院
肇庆市技师学院	
河源技师学院	

（2）合作编写组织

广州市赢彩彩印有限公司
广州市壹管念广告有限公司
广州市璐鸣展览策划有限责任公司
广州波错展览设计有限公司
广州市风雅颂广告有限公司
广州质本建筑工程有限公司
广东艺博教育现代化研究院
广州正雅装饰设计有限公司
广州唐寅装饰设计工程有限公司
广东建安居集团有限公司
广东岸芷汀兰装饰工程有限公司
广州市金洋广告有限公司
深圳市千千广告有限公司
广东飞墨文化传播有限公司
北京迪生数字娱乐科技股份有限公司
广州易动文化传播有限公司
广州市云图动漫设计有限公司
广东原创动力文化传播有限公司
菲逊服装技术研究院
广州珈钰服装设计有限公司
佛山市印艺广告有限公司
广州道恩广告摄影有限公司
佛山市正和凯歌品牌设计有限公司
广州泽西摄影有限公司
Master 广州市燧大师艺术摄影有限公司

序 言

　　技工教育和中职中专教育是中国职业技术教育的重要组成部分，主要承担培养高技能产业工人和技术工人的任务。随着"中国制造2025"战略的逐步实施，建设一支高素质的技能人才队伍是实现规划目标的必备条件。如今，国家对职业教育越来越重视，技工和中职中专院校的办学水平已经得到很大的提高，进一步提高技工和中职中专院校的教育、教学和实训水平，提升学生的职业技能，弘扬和培育工匠精神，已成为技工院校和中职中专院校的共同目标，而高水平专业教材建设无疑是技工院校和中职中专院校教育特色发展的重要抓手。

　　本套规划教材以国家职业标准为依据，以综合职业能力培养为目标，以典型工作任务为载体，以学生为中心，根据典型工作任务和工作过程设计教学项目和学习任务。同时，按照工作过程和学生自主学习的要求进行内容设计，实现理论教学与实践教学合一、能力培养与工作岗位对接合一、实习实训与顶岗工作合一。

　　本套规划教材的特色在于，在编写体例上与技工院校倡导的"教学设计项目化、任务化，课程设计教、学、做一体化，工作任务典型化，知识和技能要求具体化"紧密结合，体现任务引领实践的课程设计思想，以典型工作任务和职业活动为主线设计教材结构，以职业能力培养为核心，将理论教学与技能操作相融合作为课程设计的抓手。本套规划教材在理论讲解环节做到简洁实用、深入浅出；在实践操作训练环节体现以学生为主体的特点，创设工作情境，强化教学互动，让实训的方式、方法和步骤清晰，可操作性强，并能激发学生的学习兴趣，促进学生主动学习。

　　本套规划教材由全国50余所技工院校和中职中专院校广告设计专业共60余名一线骨干教师与20余家广告设计公司一线广告设计师联合编写。校企双方的编写团队紧密合作，取长补短，建言献策，让本套规划教材更加贴近专业岗位的技能需求，也让本套规划教材的质量得到了充分的保证。衷心希望本套规划教材能够为我国职业教育的改革与发展贡献力量。

技工院校"十四五"规划计算机广告制作专业系列教材

总主编

中等职业技术学校"十四五"规划艺术设计专业系列教材

教授/高级技师　文健

2021年5月

前　言

　　UI 设计是从人机交互、操作逻辑、界面美观方面对软件进行整体设计。首先，UI 是人与信息交互的媒介，它是信息产品的功能载体和典型特征。UI 作为系统的可用形式而存在，比如以视觉为主体的界面，强调的是视觉元素的组织和呈现。每一款产品或者交互形式都以这种形态出现，包括图形、图标、色彩、文字设计等，用户通过它们使用系统，这是 UI 作为人机交互的基础层面。其次，UI 是信息的采集与反馈、输入与输出，这是基于界面而产生的人与产品之间的交互行为。人与非物质产品的交互更多依赖于程序的无形运作来实现，这种与界面匹配的内部运行机制，需要通过界面对功能的隐喻和引导来完成。因此，UI 不仅要有精美的视觉表现，也要有方便快捷的操作，以符合用户的认知和行为习惯。最后，从用户的角度来进行界面结构、行为、视觉等层面的设计。大数据的背景下，在信息空间中，交互会变得更加自由、自然并无处不在，科学技术、设计理念及多通道界面的发展，用户体验到的交互是无意识的。UI 设计属于高新技术设计产业，是一门设计学科，也是广告设计专业和视觉传达设计专业的一门必修课程。

　　本书任务内容过程清晰明了，文字描述通俗易懂，图文并茂。针对技校学生特点编制的范例和任务形式，让学生更容易学习和实训。本书系统地介绍了 UI 设计的基本概念、风格表现、规范和原则、行业发展趋势、图标设计、界面设计、交互设计等知识，并通过讲解 UI 设计项目流程和具体操作步骤，提高学生的创作和实践能力。本书通过重点培养学生的创新精神，以及独立思考、独立制作的能力，做到了"理实一体"，达到了教材引领教学和指导教学的目的。

　　本书共有七个项目，分别由广东岭南现代技师学院的黄家玲老师、广东省轻工业技师学院的余晓敏老师、惠州市技师学院的朱江老师、广东省交通城建技师学院的龚芷月老师，以及高州市第一职业技术学校的吴翠老师共同编写。由于编者教学经验及专业能力上的限制，本书可能存在一些不足之处，敬请读者批评指正。

黄家玲

2021.9.15

课时安排（建议课时 140）

项目	课程内容		课时	
项目一 UI 设计的基本知识	学习任务一	UI 设计的基本概念	4	16
	学习任务二	UI 设计的风格表现	4	
	学习任务三	UI 设计的规范和原则	4	
	学习任务四	UI 设计的行业发展趋势	4	
项目二 UI 设计项目流程	学习任务一	项目设计流程	4	20
	学习任务二	图标设计	4	
	学习任务三	界面设计	4	
	学习任务四	交互设计	4	
	学习任务五	标注与切图	4	
项目三 旅游类界面设计与 技能实训	学习任务一	旅游类 APP 产品定位	4	20
	学习任务二	旅游类 APP 原型图设计与技能实训	4	
	学习任务三	旅游类 APP 图标设计与技能实训	4	
	学习任务四	旅游类 APP 界面设计与技能实训	8	
项目四 影音类界面设计与 技能实训	学习任务一	音乐类 APP 产品定位	4	24
	学习任务二	音乐类 APP 信息结构图设计与技能实训	4	
	学习任务三	音乐类 APP 原型图设计与技能实训	8	
	学习任务四	音乐类 APP 界面设计与技能实训	8	
项目五 电商类界面设计与 技能实训	学习任务一	电商类 APP 产品需求策划	4	28
	学习任务二	电商类 APP 原型图设计与技能实训	8	
	学习任务三	电商类 APP 交互设计与技能实训	8	
	学习任务四	电商类 APP 界面视觉设计与技能实训	8	
项目六 游戏类界面设计与 技能实训	学习任务一	网页游戏产品定位	4	28
	学习任务二	网页游戏界面信息结构图设计与技能实训	8	
	学习任务三	网页游戏界面原型图设计与技能实训	8	
	学习任务四	网页游戏界面视觉设计与技能实训	8	
项目七 UI 设计优秀案例欣赏	UI 设计优秀案例欣赏		4	4

目录

项目一 **UI 设计的基本知识**

学习任务一　UI 设计的基本概念 002

学习任务二　UI 设计的风格表现 007

学习任务三　UI 设计的规范和原则 011

学习任务四　UI 设计的行业发展趋势 018

项目二 **UI 设计项目流程**

学习任务一　项目设计流程 024

学习任务二　图标设计 028

学习任务三　界面设计 034

学习任务四　交互设计 041

学习任务五　标注与切图 045

项目三 **旅游类界面设计与技能实训**

学习任务一　旅游类 APP 产品定位 050

学习任务二　旅游类 APP 原型图设计与技能实训 055

学习任务三　旅游类 APP 图标设计与技能实训 059

学习任务四　旅游类 APP 界面设计与技能实训 063

项目四 **影音类界面设计与技能实训**

学习任务一　音乐类 APP 产品定位 068

学习任务二　音乐类 APP 信息结构图设计与技能实训 074

学习任务三　音乐类 APP 原型图设计与技能实训 078

学习任务四　音乐类 APP 界面设计与技能实训 082

项目五 **电商类界面设计与技能实训**

学习任务一　电商类 APP 产品需求策划 090

学习任务二　电商类 APP 原型图设计与技能实训 094

学习任务三　电商类 APP 交互设计与技能实训 098

学习任务四　电商类 APP 界面视觉设计与技能实训 102

项目六 **游戏类界面设计与技能实训**

学习任务一　网页游戏产品定位 108

学习任务二　网页游戏界面信息结构图设计与技能实训 112

学习任务三　网页游戏界面原型图设计与技能实训 115

学习任务四　网页游戏界面视觉设计与技能实训 118

项目七 **UI 设计优秀案例欣赏**

项目一
UI 设计的基本知识

学习任务一　UI 设计的基本概念

学习任务二　UI 设计的风格表现

学习任务三　UI 设计的规范和原则

学习任务四　UI 设计的行业发展趋势

学习任务一

UI 设计的基本概念

教学目标

（1）专业能力：了解 UI 设计的概念、分类和设计原则。

（2）社会能力：关注日常生活中的 UI 设计，分类收集优秀的 UI 设计案例。

（3）方法能力：具备信息和资料收集能力，设计案例分析、提炼与归纳总结能力。

学习目标

（1）知识目标：了解 UI 设计的基本概念和分类。

（2）技能目标：运用 UI 设计的设计原则鉴赏 UI 设计案例。

（3）素质目标：培养学生的自主学习意识和沟通交流能力。

教学建议

1. 教师活动

（1）教师在课程开始前，调查学生对基础软件课程的学习情况，了解学生的真实学习水平，对教学内容进行适当调整。

（2）教师通过前期收集的 UI 设计案例，让学生熟悉 UI 设计的内容。同时，运用多媒体课件、教学视频等多种教学手段，讲授 UI 设计的基本概念和相关知识点，指导学生完成课堂任务。

2. 学生活动

（1）学生课前准备学习资料、课本、笔记本、笔，在老师的指引下进行课堂任务练习。

（2）学生独立思考教师提出的问题，将答案写在笔记本上，并在教师讲授知识要点的时候，及时做好课堂笔记。

（3）学生积极参与课堂教学任务的开展，主动参与小组合作，完成课堂任务的收集、分析。

（4）学生建立自己的 UI 设计素材库，养成良好的学习习惯。

一、学习问题导入

各位同学，大家好！本次课我们一起来学习 UI 设计的基本概念。课程开始前请大家独立思考什么是 UI？生活中常见的 UI 设计都有哪些？本次课我们将从 UI 设计的概念、分类和设计原则的角度讲解如何学习 UI 设计。

二、学习任务讲解

1.UI 设计的概念

UI 设计即 User Interface 的缩写，从字面上理解，意思是用户界面。UI 设计指用户界面设计，是对移动端的人机交互、操作逻辑、界面美观的整体设计。UI 设计主要包括 3 个方面，即图形界面设计（GUI）、交互体验设计（ID）、用户体验设计（UE）。

应用的外观与内在通过图形界面设计来体现，手机设备中的所有图形都属于图形界面。交互体验设计考虑的是人、环境与设备的关系和行为，以及传达这种行为的元素设计。简单地说，就是让用户知道怎么用，并用起来顺手、高效、舒适。交互体验设计强调应用中的操作过程、与用户的沟通、吸引用户继续使用等方面。

在一个应用 UI 实际完成之后，要投放到市场上测试用户在使用前、使用过程中和使用过程后的整体感受，包括用户行为、情感和成就感等各方面，其目的是保证用户对产品使用体验有正确的预期，了解其期望和目的，并以此作为依据进行相应的优化改良。

2.UI 设计的分类

UI 设计按用户和界面可分成四种类型，分别是移动端 UI 设计、PC 端 UI 设计、游戏 UI 设计和其他 UI 设计。

1）移动端 UI 设计

移动端 UI 设计指手机上的所有界面设计，比如微信聊天界面、美团外卖界面、支付宝市民中心界面。如图 1-1 ～图 1-3 所示。

图 1-1　微信聊天界面　　　图 1-2　美团外卖界面　　图 1-3　支付宝市民中心界面

2）PC 端 UI 设计

PC 端 UI 设计就是电脑用户在电脑上的操作界面设计，例如电脑版的 QQ、微信、Photoshop 等软件和网页上的按钮图标等。

3）游戏 UI 设计

游戏 UI 设计指游戏中的界面设计，例如手游王者荣耀、英雄联盟等游戏中的登录界面、个人装备属性界面。如图 1-4 所示。

图 1-4　王者荣耀游戏界面

4）其他 UI 设计

VR 界面、AR 界面、ATM 界面，以及一些智能设备的界面，比如智能电视、车载系统等都属于 UI 设计的范畴。

3.UI 设计的设计原则

UI 设计要遵循一定的原则，在设计前需要考虑为什么要进行 UI 设计，如何设计才能吸引用户、增加用户的使用频率等，这样才能设计出更加实用、美观的界面效果。

1）突出性原则

突出性原则指界面中信息通过重心型的版式设计给出一个突出的主体，人们的注意力会被视觉冲击力较强的图形或文字所吸引。

2）商业性原则

商业性原则指 UI 设计要具备商业属性，不仅要美观，而且能清晰显示商业按钮，吸引用户下载，并通过良好的交互体验留住用户。

3）趣味性原则

趣味性原则指 UI 设计中令人回味、趣味无穷的界面设计，目的是让界面更具吸引力。

4）艺术性原则

艺术性原则指通过对版式、色彩、图案的设计，让界面更具艺术美感。

5）一致性原则

一致性原则指保持界面设计风格的一致性，使其结构清晰明朗，布局合理，操作便捷，色调协调。如图 1-5 所示。

6）易操作原则

易操作原则指用户可以直接在屏幕上操作对象，便于用户集中注意力完成任务，同时更容易理解这些行为所产生的结果。例如通过左右滑动切换界面。

4.UI 设计的软件

与 UI 设计相关的软件数量较多，我们需要选择合适的软件进行设计，下面介绍与 UI 设计相关的软件及其具体功能。

（1）视觉创作：主要是平面创作，完成 UI 用户界面中插画、图标、广告图等平面图形的设计与合成。主要软件有 Adobe Photoshop、Adobe Illustrator。如图 1-6 和图 1-7 所示。

（2）界面设计：注重高效的 UI 排版和展示。主要软件有 Adobe XD、Sketch，是设计界面的主要工具。如图 1-8 和图 1-9 所示。

图 1-5　支付宝界面

图 1-6
Adobe Photoshop

图 1-7
Adobe Illustrator

图 1-8
Adobe XD

图 1-9
Sketch

（3）原性创作：专门绘制线框原型，并在原型文件中进行逻辑标注和连线。主要软件有 Axure RP、ProtoPie、墨刀。如图 1-10 ~ 图 1-12 所示。

图 1-10　Axure RP　　　　　图 1-11　ProtoPie　　　　　图 1-12　墨刀

（4）交互动画：将静态的设计稿制作成交互动画。主要软件有 Adobe AE、Principle。如图 1-13 和图 1-14 所示。

（5）代码编程：编写代码文本并生成相关软件运行文件。主要软件有 Adobe Dreamweaver、Xcode。如图 1-15 和图 1-16 所示。

（6）切图标注：生成切图和标注文件，并完成团队协作。主要软件有 Zeplin、PxCook。如图 1-17 和图 1-18 所示。

图 1-13　Adobe AE　　　　图 1-14　Principle

图 1-15　　　　　　图 1-16　Xcode　　　　图 1-17　Zeplin　　　　图 1-18　PxCook
Adobe Dreamweaver

三、学习任务小结

通过本次任务的学习，同学们已经初步了解了 UI 设计的概念、分类和设计原则，并对 UI 设计的相关软件有了初步的认知。课后，需要大家分析优秀的 UI 设计案例，了解一款成功的 APP 是如何进行 UI 设计的。

四、课后作业

（1）以学习小组为单位，分析用户量过百万的软件案例，收集案例的产品信息，以及图形界面设计、交互体验设计、用户体验设计等多方面信息，将案例与信息对应制作成 PPT，并进行展示汇报。

（2）每个同学建立自己的 UI 设计素材库，分类收集优秀的设计案例。

学习任务

二

UI 设计的风格表现

教学目标

（1）专业能力：了解 UI 设计的界面和图标风格特点，运用 UI 设计的一种风格设计制作一组图标。

（2）社会能力：关注日常生活中的 UI 设计案例，收集优秀的 UI 设计案例。

（3）方法能力：具备信息和资料收集能力，设计案例分析、提炼与归纳总结能力。

学习目标

（1）知识目标：掌握 UI 设计的界面和图标的表现风格。

（2）技能目标：运用 UI 设计的风格设计制作一组图标。

（3）素质目标：培养学生自主学习的意识和动手实践能力。

教学建议

1. 教师活动

（1）教师收集优秀的 UI 设计案例，让学生熟悉 UI 设计的表现风格。

（2）教师运用多媒体课件、教学视频等多种教学手段，讲授 UI 设计的界面和图标风格表现方法，并指导学生完成课堂实训。

2. 学生活动

（1）学生认真听教师讲授 UI 设计的界面和图标风格表现方法，并在教师的指导下完成课堂实训。

（2）学生建立自己的 UI 设计素材库，养成良好的收集、整理资料的习惯。

一、学习问题导入

各位同学，大家好！本次课我们一起来学习 UI 设计的风格表现。作为 UI 设计师，我们应该掌握一些比较常见的设计风格，这对设计工作有很大的帮助。大家先思考一下，我们日常生活中的 UI 设计案例有哪些视觉风格？老师有序组织学生收集答案，并补充相应的知识点。

二、学习任务讲解

1. 界面中的风格表现

1）少量的渐变

渐变色是在色相、明度和纯度上逐渐变化效果的色彩，是时下 UI 设计最流行的风格表现。从 logo 到按键和图片，渐变色在 UI 设计中无处不在。将渐变色运用到关键功能上，可以强调重要的信息。如图 1-19 所示。

2）包豪斯风格图形

包豪斯风格是将图形进行抽象艺术化表现，主要采用几何图形和色彩构成的形式进行版面设计的风格。这种风格的图形设计色彩活泼、生动，视觉记忆性强，极具装饰美感。如图 1-20 所示。

3）动态照片

所谓的动态照片不是普通的动图，而是在一张静态的照片中有一个动态的元素。这项技术让一张普通的静态照片焕发出生气和活力。

4）沉浸式设计

将功能与场景进行融合设计，场景中关键人物元素与设计形式巧妙结合，这种设计能使观者产生更多的情景体验感，具有较强的视觉冲击力。如图 1-21 所示。

2. 图标中的风格表现

1）半扁平化图标

半扁平化的设计风格是通过对光和阴影的运用，适应现代科技的极简化设计风格。其结合了设计材料和平面设计的处理手法，让简洁的设计形式多了一些立体感，如悬浮的按钮和卡片的设计。适量渐变阴影的使用让扁平化设计更加生动和写实化。如图 1-22 和图 1-23 所示。

2）扁平化图标

扁平化的设计风格是指在设计过程中使用简单、平面的形体去表现整体设计的风格样式。这种设计风格给人一种轻便、整洁、亲切的感觉。如图 1-24 和图 1-25 所示。

图 1-19　携程网首页界面

图 1-20　包豪斯风格图形设计

图 1-21　沉浸式界面

图 1-22　美拍图标　　图 1-23　美团外卖图标

图 1-24 微信图标　　　　图 1-25 支付宝图标

3）拟物化图标

拟物化设计风格是指设计师将生活中存在的实体形象引入图形设计中，并将实体形象的触感和质感真实地反映出来，再加入情感化的元素，形成模拟实体形象图形的设计风格。这种设计风格给用户带来一定的亲切感和认同感，让图形更加生动、真实。如图 1-26 所示。

4）原质化图标

原质化的设计风格具有与物理世界相近的触感，这种触感指在扁平化的设计风格上加以真实的物理世界的触感。原质化的设计风格是介于拟物化设计风格与扁平化设计风格之间的一种设计风格。

3.UI 设计用户的重要性

1）产品的面向对象

在 UI 设计过程中，首先要了解产品的定位，确定软件的目标用户群体，了解目标用户群体的真实诉求。

2）客户的交互习惯

不同的客户群体有不同的交互习惯，比如对现实中的程序或软件的应用和操作的习惯，需要设计师站在用户的角度综合考虑界面的可操作性。

3）提示和引导客户

软件是用户的操作工具，用户在使用过程中操作和控制软件，软件则响应用户的动作和设定的规则，提示用户交互的结果，反馈信息，并引导用户进行下一步操作。如图 1-27 和图 1-28 所示。

4）一致性

软件设计中存在多个组成部分（组件、元素），不同组成部分之间的交互设计目标需要一致。

5）可用性操作

软件是为用户所用的，用户有必要了解软件的操作模式和相对应的功能。比如微信中的长按操作，用户可以选中对话框中的信息进行长按，提示用户可以选择转发、收藏、编辑、删除、多选、应用、提醒等功能，选择某一功能后用户可以更加详细地理解该功能对应的操作方式，同时点击对话框中的其他位置可以取消该操作。

图 1-26　Instagram 图标

图 1-27　Keep 的功能更新引导提示

图 1-28　网易云音乐版本更新提示

三、学习任务小结

通过本次任务的学习，同学们已经初步了解了不同 UI 设计界面和图标的风格表现。通过对优秀 UI 设计案例的展示和分析，加强了同学们对 UI 设计中界面与图标设计的认识与理解。课后，需要大家针对本次任务所了解的内容进行相应归纳、总结，完成相关的作业。

四、课后作业

（1）以个人为单位，运用 UI 设计风格中的一种表现形式，设计制作一组图标，图标数量不少于 5 个，并进行展示汇报。

（2）每个同学建立自己的 UI 设计素材库，对优秀的设计案例进行收集、分类。

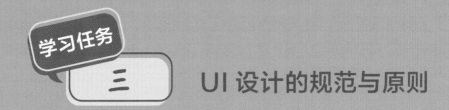

学习任务 三

UI 设计的规范与原则

教学目标

（1）专业能力：了解 UI 设计的规范和原则。

（2）社会能力：关注日常生活中的 UI 设计，收集优秀的 UI 设计案例；具备团队协作能力，并大方、自信地进行课堂分享。

（3）方法能力：具备信息和资料收集能力，设计案例分析、提炼及归纳总结能力。

学习目标

（1）知识目标：了解 UI 设计的规范和制定流程，以及 UI 设计的原则。

（2）技能目标：按照规范设计一套完整的 UI 设计系统。

（3）素质目标：具备自主学习意识，掌握 UI 设计的学习方法。

教学建议

1. 教师活动

（1）教师组织学生独立思考并分享 UI 设计规范的制定流程及相应原则，教师做补充讲解。

（2）教师组织学生以小组为单位学习 iOS 或 Android 系统的设计规范，并进行课堂分享，教师做相应的补充讲解。

2. 学生活动

（1）学生独立思考教师提出的问题，将答案写在笔记本上，并在教师讲授知识要点的时候，及时做好课堂笔记；积极参与课堂教学任务的开展，对应 iOS 或 Android 系统的设计规范制定一套 APP 的 UI 设计规范系统。

（2）学生建立自己的 UI 设计素材库，养成良好的学习习惯。

一、学习问题导入

各位同学，大家好！本次课我们一起来学习 UI 设计的规范和原则。了解 UI 设计的规范可以提高工作效率，并有利于展开后续的一系列设计操作。UI 设计规范的制定，不仅有利于 UI 设计的统一，而且便于在不同平台进行适配设计。那么 UI 设计的规范有哪些呢？

二、学习任务讲解

1. 制定 UI 设计规范

1）制定一个计划

UI 设计规范涉及面较广。UI 设计周期长，需要制定一个清晰的计划来推进。制定 UI 设计计划可以明确在什么时间段整理哪些内容，了解这些内容的分类是怎样的，会达到什么样的效果。初始时列举的内容可能不完整，可以先定义最基础的分类和内容，再补充后续发现的遗漏的内容。UI 设计计划表如表 1-1 所示。

表 1-1　UI 设计计划表

	规范内容	小贴士
色彩控件	主色、辅助色、使用场景	—
按钮控件	输入框、提示框、消息、确认、取消等	按钮的点击效果是颜色值为 50% 透明度；不可用按钮的效果一般为灰色 #cccccc；按钮描边大小通常为 1px、圆角大小为 8px
分割线	分割线使用的场景、颜色	白色背景下，分割线颜色为 #e5e5e5，粗细为 1px；灰色背景下，分割线颜色为 #cccccc
提示框	提示框的大小尺寸、字体样式（字号、颜色、字体）、版式规格	主题字号为 34px；副标题字号为 26px；文字间距为 30px；
文字	字体样式、字号大小、字体颜色、使用场景	导航栏标题、导航栏两侧文字按钮、工具栏文字按钮、设置文字列表、警告框标题、微信聊天框文字字号为 32~34px；标题、正文、小标题字号为 28~30px；描述性文字、提示性文字字号为 22~26px；最小字号不低于 20px
间距	字间距、行间距、段落间距	字号为 34px，行间距为 20px；字号为 32px，行间距为 18px；上下左右空间间距为 30~40px
图标	图标的大小、使用场景、图标绘制的规范	点击图标最小尺寸为 40px×40px；常用尺寸为 48px×48px（最常用）、32px×32px、24px×24px（描述性文字中使用）
头像	使用大小、使用场景	个人中心页尺寸为 120px×120px；个人资料页尺寸为 96px×96px；消息列表页尺寸为 72px×72px；导航、帖子详情页尺寸为 60px×60px；帖子中用户头像尺寸为 44px×44px

2）确定优先级与分工

UI 设计规范包含的内容较多，需要将内容分类整理好后，再确定内容的优先级和分工。首先，从大的模块上说，应当确定整体的设计风格和框架，整体设计风格确定后再确定细节。其次，优先级最好是控件、组件、场景，因为控件组成组件，控件和组件组成场景，所以先确定小的控件后，更容易确定组件和场景。最后，关于分工，制定规范是整个团队的任务，最好团队中的设计师都能够参与，互相分担工作，以提高规范整理的效率，也能够确保规范是在大家的讨论下制定而成的。

3）确定设计规范展示形式及推进流程

确定设计规范展示形式就是确定设计规范目标用户，即明确设计规范是给谁看的，例如，是展示在网站上还是直接用文档承载，网站是否对公众开放等。解决了这些问题后就可以确定设计规范的详细程度和展示形式。

4）制定严谨的设计规范

设计规范要严谨，并具有可操作性，要根据目标用户的需求进行制定。

2.iOS 设计规范

iOS 是运行于 iPhone、iPad 和 iPod Touch 等设备上，较为常用的移动操作系统之一。互联网应用的开发者、产品经理、体验设计师，都应当理解并熟悉平台的设计规范，这样有利于提高自身工作效率，并保证用户良好的体验。

（1）iOS 屏幕尺寸，如表 1-2 所示。

表 1-2　iOS 屏幕尺寸表

设备	分辨率	逻辑分辨率	切图规格	尺寸	PPI	状态栏高度	导航栏高度
iPhone 12 Pro Max	1284×2778	428×926	@3x	6.7in	458	—	—
iPhone 12、iPhone 12 Pro	1170×2532	390×844	@3x	6.1in	460	—	—
iPhone 12 mini	1080×2340	360×780	@3x	5.4in	476	—	—
iPhone XS Max、iPhone 11 Pro Max	1242×2688	414×896	@3x	6.5in	458	—	—
iPhone XR、iPhone 11	828×1792	414×896	@2x	6.1in	326	—	—
iPhone X、iPhone XS、iPhone 11 Pro	1125×2436	375×812	@3x	5.8in	458	132	132
iPad Pro（12.9 in）	2048×2732	1024×1366	@2x	12.9in	264	40	88
iPad Pro（10.5 in）	1668×2224	834×1112	@2x	10.5in	264	40	88
iPad Pro、iPad Air 2	1536×2048	768×1024	@2x	9.7in	401	70	88
iPad mini 2/3/4	1536×2048	768×1024	@2x	7.9in	326	40	88

（2）iPhone 图标尺寸，如表 1-3 所示。

表 1-3　iPhone 图标尺寸表

设备	App Store	程序应用	主屏幕	Spotlight 搜索	标签栏	工具栏和导航栏
iPhone6 Plus（@3x）	1024px × 1024px	180px × 180px	114px × 114px	87px × 87px	75px × 75px	66px × 66px
iPhone6（@2x）		120px × 120px		58px × 58px		44px × 44px
iPhone5、iPhone5C、iPhone5S（@2x）						
iPhone4、iPhone4S（@2x）						
iPhone1/2/3、iPod Touch1/2/3			57px × 57px	29px × 29px	38px × 38px	30px × 30px

（3）iPad 图标尺寸，如表 1-4 所示。

表 1-4　iPad 图标尺寸表

设备	App Store	程序应用	主屏幕	Spotlight 搜索	标签栏	工具栏和导航栏
iPad 3/4/5/6、iPad Air、iPad Air2、iPad mini2	1024px × 1024px	180px × 180px	114px × 114px	100px × 100px	50px × 50px	44px × 44px
iPad1、iPad2、iPad mini1		90px × 90px	72px × 72px	50px × 50px	25px × 25px	22px × 22px

（4）字体规范，如表 1-5 所示。

表 1-5　字体规范表

iOS 中文字体 CSS	苹方 /PingFang SC；繁体：PingFang HK Font-family：PingFang SC（简体） PingFang HK（繁体）
iOS 英文字体 CSS	San Francisco Pro Font-family：SF Pro Text,SF Pro Display

3.Android 设计规范

随着 Android 手机不停地更新换代，屏幕尺寸也越来越大，且不同品牌的 Android 手机主题和交互方式也有很大的区别，都有各自独立的一套主题系统。

（1）Android SDK 模拟机屏幕尺寸，如表 1-6 所示。

表 1-6　Android SDK 模拟机屏幕尺寸表

屏幕大小	低密度（120）	中密度（160）	高密度（240）	超高密度（320）
小屏幕	QVGA（240×320）	—	480×640	—
普通屏幕	WQVGA400（240×400）WQVGA432（240×432）	HVGA（320×480）	WVGA800（480×800）WVDA854（480×854）600×1024	640×960
大屏幕	WVGA800（480×800）WVGA854（480×854）	WVGA800（480×800）WVGA854（480×854）	—	—
超大屏幕	—	1024×768 1280×768WXGA（1280×800）1024×768 1280×768WXGA（1280×800）	1536×1152 1920×1152 1920×1200	2048×1536 2560×1600

（2）Android 图标尺寸，如表 1-7 所示。

表 1-7　Android 图标尺寸表

屏幕大小	启动图标	操作栏图标	上下文图标	系统通知图标（白色）	最细画笔（不小于）
320px×480px	48px×48px	32px×32px	16px×16px	24px×24px	2px
480px×800px 480px×854px 540px×960px	72px×72px	48px×48px	24px×24px	36px×36px	3px
720px×1280px	48px×48dp	32px×32dp	16px×16dp	24px×24dp	2dp
7080px×1920px	144px×144px	96px×96px	48px×48px	72px×72px	6px

（3）字体规范，如表1-8所示。

表1-8　字体规范表

5.x 以上版本	思源黑体 /Noto Sans Han
5.0 以下版本	Droid Sans Fallback，可用文泉驿微米黑代替
数字、英文	Roboto

（4）Android 系统 dp/sp/px 换算表，如表1-9所示。

表1-9　Android 系统 dp/sp/px 换算表

名称	分辨率	比率 rate（针对 320px）	比率 rate（针对 640px）	比率 rate（针对 750px）
idpi	240×320	0.75	0.375	0.32
mdpi	320×480	1	0.5	0.4267
hdpi	480×800	1.5	0.75	0.64
xhdpi	720×1280	2.25	1.125	1.042
xxhdpi	1080×1920	3.375	1.6875	1.5

4.UI 设计的原则

1）一致性原则

一致性原则指坚持以用户体验为中心的设计原则，体现在界面直观、简洁，操作方便、快捷，设计风格、设计规范统一，用户接触软件时对界面上对应的功能一目了然、不需要太多培训就可以直接使用应用系统等方面。如图1-29所示。

2）准确性原则

准确性原则指使用一致的标记、标准缩写和颜色，显示信息的含义应该清晰、明确，用户不必再参考其他信息源。显示有意义的出错信息提示，而不是单纯的程序错误代码。如图1-30所示。

图1-29　Androrid 设计规范查考

图 1-30　微信界面设计规范

3）布局合理化原则

布局合理化原则指在进行 UI 设计时需要充分考虑布局的美观性与合理性，遵循用户从上而下，自左向右的浏览、操作习惯，避免常用业务功能按键排列过于分散，造成用户移动鼠标距离过长的弊端。多做"减法"运算，将不常用的功能区块隐藏，以保持界面的简洁感，使用户专注于主要业务操作流程，有利于提高软件的可用性及易用性。

4）系统操作合理性原则

系统操作合理性原则指在确保用户只使用键盘的情况下，也可以流畅地完成一些常用的业务操作。各控件间可以通过 Tab 键进行切换，并将可编辑的文本进行全选处理。

5）系统响应时间原则

系统响应时间应该适中，如果响应时间过长，用户会感到不安，而响应速度过快也会影响用户的操作节奏，并可能导致错误。因此，在系统响应时间上应坚持如下原则：

（1）2~5 秒窗口显示处理信息提示，避免用户误认为系统没有响应而重复操作。

（2）5 秒以上显示处理窗口或进度条。

（3）完成一个长时间的处理操作后，应给出提示信息。

三、学习任务小结

通过本次任务的学习，同学们已经初步了解了 UI 设计规范的制定流程及原则，同时通过各小组的任务分享，同学们对 iOS 或 Android 系统的设计规范有了基本认识。课后，需要大家对 iOS 或 Android 系统设计规范进行相应的总结，并完成相关的作业练习。

四、课后作业

（1）以小组为单位，整理 iOS 或 Android 系统的设计规范（近两年最流行、最新的型号及品牌）。

（2）以小组为单位，自选 APP，制定该 APP 的 UI 界面设计规范。

四 UI 设计的行业发展趋势

教学目标

（1）专业能力：了解 UI 设计的行业发展趋势，以及 UI 设计的职业前景和就业方向。

（2）社会能力：关注日常生活中的 UI 设计，收集优秀的设计案例；具备团队协作能力，并大方、自信地进行课堂分享。

（3）方法能力：具备信息和资料收集能力，设计案例分析、提炼及归纳总结能力。

学习目标

（1）知识目标：了解 UI 设计的行业发展趋势。

（2）技能目标：制定一份 UI 设计课程的学习计划。

（3）素质目标：培养自主学习意识和实践操作技能。

教学建议

1. 教师活动

（1）教师组织学生以小组为单位收集 UI 设计的行业发展趋势，并分享，教师作相应补充。

（2）教师讲授 UI 设计的职业前景和就业方向，并让学生制定一份 UI 设计课程的学习计划，明确课程的学习目标。

2. 学生活动

（1）课堂上学生在老师的指引下进行课堂练习，并制定一份 UI 设计课程学习计划表，明确学习目标。

（2）学生建立自己的 UI 设计素材库，养成良好的学习习惯。

一、学习问题导入

各位同学，大家好！本次课我们一起来了解 UI 设计的行业发展趋势。学习 UI 设计需要了解 UI 设计的行业发展趋势、职业前景和就业方向，建立自己的学习目标。首先，请各位同学拿出手机，查看手机中的主流软件，分析这些软件的设计亮点，并将相关内容记录在笔记本上。老师有序组织学生收集答案，并补充相应的知识点。

二、学习任务讲解

1.UI 设计的行业发展趋势

UI 设计的行业发展趋势除了侧重内容和情感外，还会根据不同设备载体、新技术（3D、AR）的变化而变化，归根结底还是以人为本。Adobe 设计副总裁 Jamie Myrold 在主题为《设计趋势：人性化，多元化与包容性的设计》的大会演讲到："如今设计师要思考的，绝不仅仅是设计一款 APP、网站或设计工具。我们要思考的是人类的需求、用户的需求，应该朝更人性化的方向发展，并成为一个更加多元、更加包容的设计社区的一份子。"

1）创意动画

微交互是建立在移动端上的具有微妙视觉效果的创意动画，而图标动画是其中的一种。它的目的是吸引用户，让用户感觉顺畅、愉悦。如唯品会首页中金刚区的鞋履和母婴童装的小动画，这些由产品所包含的一个个小细节，创造出了新颖而有趣的设计。如图 1-31 所示。

2）留白分隔

在 UI 界面中，最常见的分隔方式是用细线对模块进行划分。但随着设计重心趋向于简约，并更加注重内容本身，传统的分隔线方式就略显多余。根据格式塔亲密原则，通过留白控制间距大小，可以清晰地划分模块层级，同时界面看起来也更加透气、富有张力。如图 1-32 所示。

图 1-31　唯品会金刚区图标动画

图 1-32　Gmail & Messenge 界面设计

3）圆角卡片

圆角代表友好、亲和力，卡片模块化的布局更为清晰、有效、整洁。如微信公众号详情页由原先的列表式，改成了圆角卡片式，弹窗的形状也由直角改成了圆角。携程旅游首页界面中金刚区模块的整体边界也采用了圆角卡片式。如图1-33和图1-34所示。

图1-33　微信公众号详情页　　　　　图1-34　携程旅游首页

2.UI设计的职业前景和就业方向

1）UI设计的职业前景

伴随着新媒体、互联网和移动设备的发展，在互联网快速发展的时代，互联网公司的产品界面都是由UI设计师负责完成的。但是时代在进步，一个好的设计师，无论是在视觉设计方面、交互设计方面，还是在产品设计方面，已经不再是简单的制图和美工。随着UI设计的不断发展，企业对UI设计人才的技术要求也在不断提高，对优秀的UI设计师的需求量也越来越大，待遇也越来越好。如图1-35和图1-36所示。

目前，一提到UI设计，大家会不由自主地指向移动端APP设计而忽略UI设计的其他形式，如网页、手机APP、平板电脑APP、车载系统、智能冰箱的控制窗口、智能电视的操作系统界面等，其实这些都是UI设计的范畴。UI设计不仅是制作APP，还需要掌握用户研究、交互设计和视觉传达设计等知识。

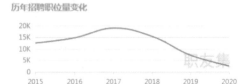

图1-35　职友集UI设计师近年
招聘岗位增减情况

说明：UI 设计师今年工资怎么样？2020 年 UI 设计师平均工资 11.9K,2020 年工资高于 2019 年，较 2019 年增长了 23%。2019 年工资 9.6K，2018 年工资 9.1K，2017 年工资 7.3K，2016 年工资 6.9K，2015 年工资 7.8K，2014 年工资 6.3K，数据统计依赖于各大平台发布的公开数据，系统稳定性会影响客观性，仅供参考。

图 1-36 职友集 UI 设计师近年工资待遇变化情况

2）UI 设计的就业方向

目前 UI 设计已经成为设计行业的热点之一，UI 设计具体的工作岗位如下。

（1）图形设计师。图形设计师了解软件产品，致力于提高软件用户的体验感。

（2）人与界面交互设计师。人与界面交互设计师主要专注于设计软件的操作流程、树状结构、操作规范等。在对软件产品编码之前需要做交互设计，并且要确立交互模型和交互规范。

（3）用户测试、研究工程师。用户测试、研究工程师需要测试交互设计的合理性及图形设计的美观性，主要通过以目标用户问卷的形式衡量 UI 设计的合理性。测试方法一般都是采用焦点小组，用目标用户问卷的形式来衡量 UI 设计的合理性。这个职位很重要，如果没有这个职位或没有这方面的测试研究，UI 设计的好坏只能凭借设计师的经验或用户的审美来评判，这样会给企业带来极大的风险。

（4）运营型 UI 设计师。运营型 UI 设计师摆脱了规范的限制和扁平化的需求，具备平面设计能力、手绘造型能力和创意表达能力。同时还能进行一定的策划、文案及提案表述。

（5）产品型 UI 设计师。产品型 UI 设计师是一个团队的核心人员，能够单独建立团队，掌握产品设计的方法，了解用户体验，能看懂数据，能够单独完成产品初期的设计与开发，能完成高保真原型设计。

（6）懂代码的 UI 设计师。中小型设计公司一般会配备一两个了解代码的 UI 设计师，这类设计师需要懂得动效，能建站，能独立完成 H5 类推广页面。

三、学习任务小结

通过本次课的学习，同学们已经初步了解了 UI 设计的行业发展趋势，同时对 UI 设计的职业前景和就业方向有了基本认识。课后，需要各位同学制定一个 UI 设计课程的学习计划并制作自己的职业发展规划表，明确自己学习的目标和方向。

四、课后作业

以个人为单位，制定一个 UI 设计课程学习计划表。

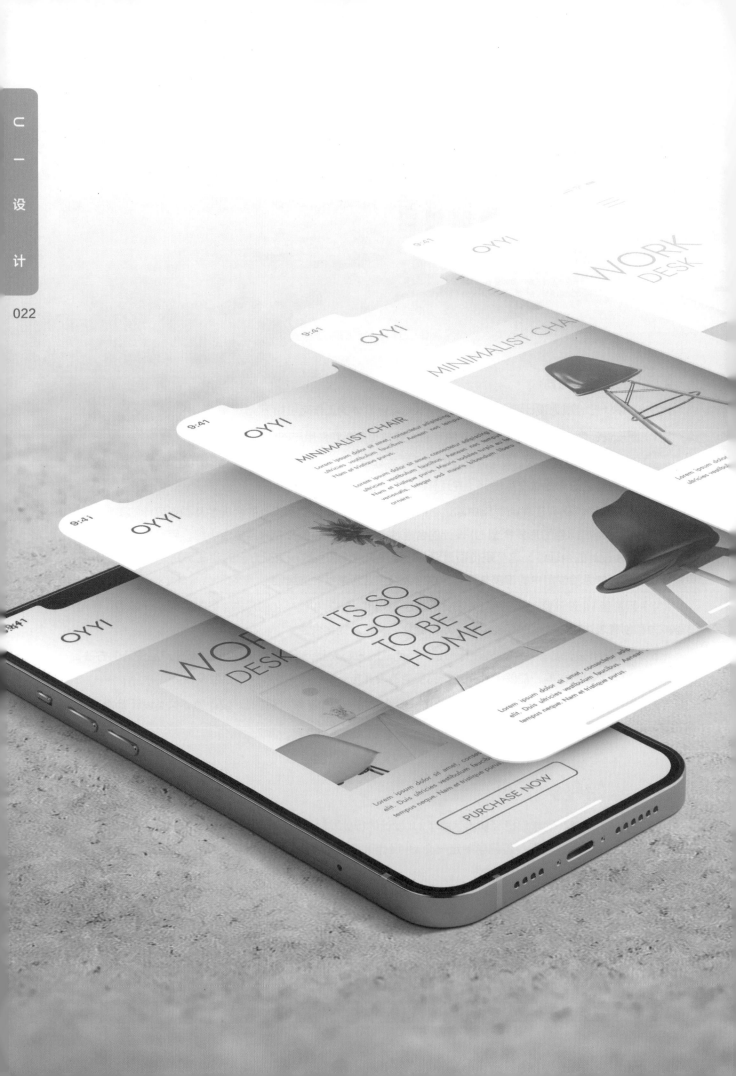

项目二
UI 设计项目流程

学习任务一　项目设计流程

学习任务二　图标设计

学习任务三　界面设计

学习任务四　交互设计

学习任务五　标注与切图

学习任务 一   项目设计流程

教学目标

（1）专业能力：了解 UI 设计的项目流程，并进行项目前期调研。

（2）社会能力：具备团队协作能力，并大方、自信地进行课堂分享。

（3）方法能力：具备信息和资料收集能力，设计案例分析、提炼及归纳总结能力。

学习目标

（1）知识目标：理解 UI 设计项目的流程及内容。

（2）技能目标：按照 UI 设计的流程，完成一个 APP 的前期调研工作。

（3）素质目标：具备自主学习意识和实践操作技能。

教学建议

1. 教师活动

（1）教师组织学生以小组为单位梳理 UI 设计项目流程，并组织学生进行汇报，引导学生熟悉每一个环节的工作内容，并加以补充说明。

（2）教师要注意培养学生自主学习的能力，培养学生做有效的课堂笔记，建立自己的 UI 设计素材库，通过课堂任务培养学生的团队协作能力、语言表达能力等。

2. 学生活动

（1）课堂上学生在老师的指引下进行 UI 设计课堂讨论，并做好课堂笔记。

（3）学生建立自己的 UI 设计素材库，养成良好的学习习惯。

一、学习问题导入

各位同学，大家好！本次课我们一起来学习 UI 设计的项目流程，了解完成一个 APP 项目的流程及每一个步骤需要开展的工作。下面请各位同学独立思考：从 UI 设计项目的开展到设计到上线需要经历哪些流程？老师组织学生在思考结束后进行小组讨论，补充内容后进行班级成果展示。

二、学习任务讲解

UI 设计是 APP 项目开发的环节之一。在一个项目开始后，首先，需要进行前期调研，了解产品的商业模式，寻找用户的真实需求，并通过产品来实现、解决问题。其次，需要进行具体的项目开发，包括整理需求、界面设计、程序开发、软件测试、发包上线等。以下针对 APP 的设计流程进行详细介绍。

1. 需求梳理、分析

在产品开发前，以 APP 产品为例，会对市场和用户进行调研分析。市场定位包括用户定位、产品定位和技术定位。市场需求分析包括目标客户群分析和竞争对手分析。这些调研分析数据可以作为后期的素材收集和风格把控的参考。在这个过程中会根据提炼的真实用户需求来确定产品需求，产品经理将根据沟通中的相关资料翻译成逻辑语言，并绘制出一张产品功能脑图，即产品架构或者一份功能列表，包括功能模块、功能名称和功能描述。图 2-1 是腾讯视频产品功能脑图，可以清晰地看到产品的每一个模块对应的功能。图 2-2 是悦跑圈产品功能列表，梳理了每一个指令对应的功能描述，让产品设计师能更清晰地了解每一个界面所对应的功能指令。

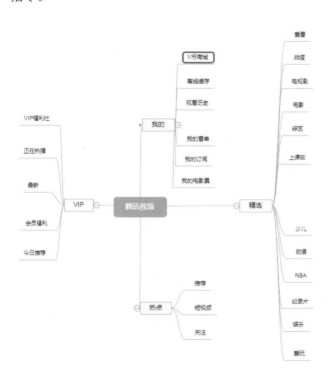

悦跑圈功能列表		
功能模块 / 分类	功能名称	功能简述
记录运动 （开始跑步）	室内跑步	手机传感器记录
	户外跑步	手机 GPS 记录
个人运动历史 （我的悦跑）	个人成就	我的等级、我的勋章
	累计运动	记录用户累计运动距离，时间，消耗卡路里
	跑步记录	记录用户每一次的运动，包含路径地图和多种数据，并提供运动量统计图表
	我的跑鞋	添加我的运动鞋，还可以查看多种品牌，型号的运动鞋
	个人最佳成绩	最快配速、最长距离、最长时间、5 公里最快时间、10 公里最快时间、半程马拉松最快时间，全程马拉松最快时间
围绕跑步的活动 （跑步圈）	好友通讯录	查看悦跑圈的好友通讯录
	会话消息	查看会话消息，聊天
	朋友动态	查看跑友动态
	我的跑团	参加跑团活动，每天跑步打卡
	寻找跑友	支持搜索、扫码、附近的人和新浪好友导入
	寻找跑团	支持搜索、推荐、附近的跑团
	赛事活动	查看线下跑步活动，跑步竞赛
	排行榜	跑者总榜，跑团总榜
	扫一扫	扫码添加好友的快捷入口
跑步、运动 相关文章（悦跑说）	推荐文章	首页推荐文章
	赛事资讯	有关比赛的文章与介绍
	跑步装备	介绍跑步服装、运动鞋与其他配件
	提高训练	介绍运动与训练方法
	跑步故事	跑者心得与感悟
系统与设置（更多）	编辑个人资料	个人资料编辑
	设置	账号设置、系统设置、语言设置等
	关于系统	版本更新、清除缓存、客服等

图 2-1 腾讯视频产品功能脑图　　　　　　　　　　　图 2-2 悦跑圈产品功能列表

用户体验流程设计可以在白板上边梳理流程边添加粗略的 UI 元素，在纸上做手绘版线框图。这个阶段产品经理、UI 设计师和技术工程师会一起进行大量的讨论，讨论的主要内容是体验流程和产品的主要功能，并确定用户流程及其中的关键步骤，每个步骤都是一个主界面，需要绘制纸质版低保真交互原型图。

2.关键界面线框图

关键界面线框图可以通过使用 Axure RP、ProtoPie、墨刀等软件进行绘制。绘制之前要梳理清楚产品的功能需求，经过反复沟通、调整，在确定的用户流程中选出几个关键的、且具有代表性的步骤，然后制作 1:1 细化线框图。此环节要确定关键界面里的 UI 元素和布局，以及全局的布局排版风格。如图 2-3 所示。

图 2-3　关键界面线框图

3.关键界面视觉设计

在进行关键界面视觉设计时可以尝试不同风格的版面和颜色的搭配，可以用 Adobe Photoshop、Adobe Illustrator 等软件对 UI 元素进行设计运用，最终确定产品的视觉设计风格。

4.全部界面线框图

除了使用 Axure RP、ProtoPie、墨刀等软件，还可以使用 Adobe XD、Sketch 等软件完成 1:1 带有交互和流程的界面线框图设计，并交付给客户进行确认。如图 2-4 所示。

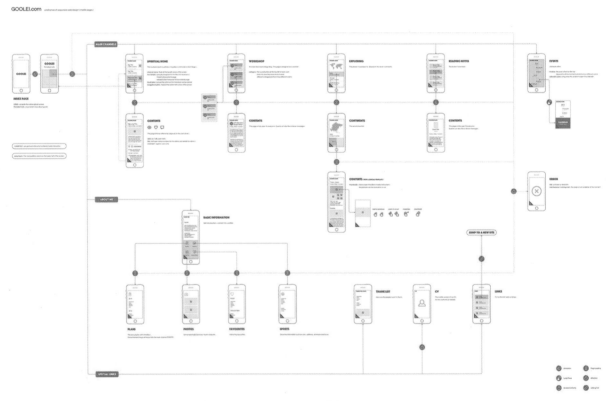

图 2-4　界面线框图

5.全部界面视觉设计

可以使用 Adobe Photoshop、Adobe Illustrator 等软件进行设计制作，输出全部界面的视觉设计图效果，并进行确认。同时，可以使用 Adobe AE、Principle 等软件完成一系列静态的设计稿，并制作成交互动画效果。

6. 界面标注、切图

（1）在确认全部界面视觉稿以后，可以使用 Zeplin、PxCook 对每个界面进行标注。

（2）界面切图，移交前端工程师。如图 2-5 所示。

在实际项目中，很多环节是一个交替迭代的过程，需要不停地修改和优化，整个流程进入开发以后，也需要 UI 设计师进行协同调整。只有多角度地了解项目，了解各岗位的工作流程，才能做出符合市场需要、用户需求的产品。

图 2-5　切图文件夹

三、学习任务小结

通过本次任务的学习，同学们已经了解了 UI 设计的项目流程，对一个 APP 从前期调研到设计制作的每一个环节的具体内容都有了基本认识。本次任务需要同学们完成下面的课后作业。

四、课后作业

以小组为单位，原创一个全新 APP 项目，进行相关的前期调研与分析，以 PPT 的形式在班上汇报。

学习任务 二 图标设计

教学目标

（1）专业能力：了解图标的概念，辨别应用图标和功能图标的类型，掌握应用图标和功能图标的设计原则。

（2）社会能力：关注日常生活中的 UI 设计，收集优秀的图标设计案例，对不同的表现技法进行学习。具备团队协作能力，并大方、自信地进行课堂分享。

（3）方法能力：具备信息和资料收集能力，设计案例分析、提炼及归纳总结能力。

学习目标

（1）知识目标：了解图标的概念，掌握应用图标和功能图标的设计原则。

（2）技能目标：了解应用图标设计原则，进行功能图标设计。

（3）素质目标：具备自主学习意识和设计创意能力。

教学建议

1. 教师活动

（1）教师讲解图标设计的概念和类型，以及设计原则。

（2）教师组织学生以小组为单位进行应用图标和功能图标类型及设计原则的学习，学生将学习成果进行展示，教师作补充讲解。

2. 学生活动

（1）学生课堂上聆听老师讲解图标的概念，做好课堂笔记。

（3）学生积极主动地参与小组作业，完成课堂任务，并进行成果展示汇报。

一、学习问题导入

各位同学，大家好！本次课我们一起来学习 UI 设计中的图标设计。本次课将介绍图标的概念、类型和设计原则，并组织同学们以小组为单位进行图标类型及设计原则的学习与探讨。首先，请各位同学独立思考，什么是图标设计？并举出具体的例子。将你的答案写在笔记本上。然后，教师有导向性地点名提问，收集答案，并补充相应的知识点。

二、学习任务讲解

1. 图标的概念

图标即 ICON，指具有明确指代含义的图形。图标通过抽象化的视觉符号向用户传递某种信息，例如齿轮图形代表了"设置"，人影图形代表了"个人中心"，放大镜图形代表了"搜索"，等等。图标比文字更具有易识别性，并具有一定的美感和含义。

图标分为两种，一种是应用图标，存在于应用界面外，也就是手机主屏幕上的图标。点击 APP 应用的主图标可以进入该应用。另一种是功能图标，存在于应用界面内，具有辅助文字信息、取代文字、帮助人们快速选择功能的作用。如表 2-1 所示。

表 2-1 应用图标和功能图标表

	应用图标	功能图标
应用场景	手机主屏幕，有统一的圆角矩形外观	单一的图标，以"图标 + 文字"的形式进行呈现
视觉表现	形式多样的视觉图形，文字图标、扁平化图标、轻拟物图标、写实图标等	表意明确的简单图形，线性图标、剪影图标。简单的色彩搭配，统一的设计风格
造型结构	视觉表现力最大化，快速在众多 APP 中获得更多关注	线性图标为主，弱化视觉表现力，减轻用户的视觉负担
知识产权	企业的品牌标志或信息，具有唯一性	大众认知和约定俗成的图形

2. 应用图标的类型和设计原则

1）应用图标的类型

应用图标是 UI 设计中的重要组成部分，代表着一个产品的视觉形象，是产品内涵最直接的传达。能直接引导用户下载并使用应用程序，是任何 APP 都不可或缺的元素。应用图标的美感与吸引力，决定了用户对产品的第一印象。图标的风格气质应和目标受众的喜好尽量一致，尽可能让用户能够快速识别图标应用的属性和功能，并给用户留下深刻印象。

（1）剪影图标。

剪影图标搭配简单的纯色背景，它无须过多的视觉元素，不会给用户造成视觉负担，具有良好的表现力。如图 2-6 和图 2-7 所示。

（2）拟物图标。

拟物图标是将生活中的物品直接描绘出来，具有真实的质感和华丽的视觉效果，通过高超的美术创意创造出来的细腻的图标。如图 2-8 和图 2-9 所示。

（3）轻拟物图标。

在拟物图标中，减轻厚重的质感，如投影、渐变、纹理，转化成扁平化图标。保留了品牌的延伸感和视觉感，帮助用户减轻视觉负担。如图 2-10 ~图 2-12 所示。

（4）轻质感图标。

轻质感图标指在剪影图标的基础上添加了渐变、投影、不透明度等效果，并通过色彩的明暗关系绘制出具有丰富的立体层次感的图标。它比剪影图标更加富有美感和个性，也具有唯一性，其细节更丰富。如图 2-13 ~图 2-15 所示。

（5）叠加图标。

叠加图标指通过一组渐变或带有不透明度的图层、色彩进行叠加组合，形成丰富的视觉层次感的图标。如图 2-16 和图 2-17 所示。

图 2-6　星巴克咖啡　　　图 2-7　微信图标
　　　　图标

图 2-8　华为打印机　　　图 2-9　Instagram
　　　　图标　　　　　　　　　　图标

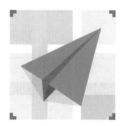
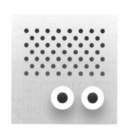

图 2-10　高德地图　　　图 2-11　豆瓣 FM　　　图 2-12　奇妙清单
　　　　图标　　　　　　　　　图标　　　　　　　　　图标

图 2-13　美拍图标　　　图 2-14　爱彼迎图标　　　图 2-15　菜鸟裹裹图标

图 2-16　花瓣图标　　　图 2-17　抖音图标

（6）文字主题图标。

文字主题图标通过文字或字母作为图形，搭配简单的背景，其文字经过设计后具备唯一的识别性。如图 2-18 ~ 图 2-20 所示。

图 2-18　支付宝图标　　图 2-19　知乎图标　　图 2-20　淘宝图标

（7）卡通、动物图形图标。

卡通、动物图形图标具有通俗、直观，易于理解和记忆的特质。这种情感化的设计会拉近和用户之间的距离，让产品更有温度。我们识别动物比识别品牌或公司要容易得多，而且这些图形更容易被记住，有助于表达企业的价值观与自身的品牌含义，对产品的"性格"塑造和推广起到了很好的效果。如图 2-21 和图 2-22 所示。

图 2-21　京东图标　　图 2-22　QQ 图标

（8）插画图标。

插画图标多使用在游戏应用中，可以直接使用游戏中的角色、道具、画面作为图标图案。如图 2-23 和图 2-24 所示，其带有夸张的人物角色和精美的游戏画面图案，具有强烈的视觉冲击力。

2）应用图标的设计原则

应用图标代表着产品的视觉形象，是产品内涵最直接的表达形式。其设计原则主要有以下几点。

图 2-23　纪念碑谷图标　图 2-24　保卫萝卜图标

（1）识别性。

识别性是应用图标最基本的特性，识别性包括两个方面。一是图标要易于理解，应用图标代表的是一个产品的属性和功能。优秀的应用图标能够让用户一眼就能感知到这个应用的属性和功能，能够快速表达产品的定位。二是图标要简洁、易辨认，图标在手机上显示时，尺寸相对较小，能否被清晰辨认显得尤为重要。虽然简洁的图形设计形式可以提升图标的设计品质，但是过于缺乏细节又会显得非常单调，缺乏个性，所以在设计的过程中要注意把控整体与细节的关系。应用图标不能过于复杂，应易于被用户识别和记忆，并在不同的应用场景下都能够被清晰地识别。

（2）差异性。

移动互联网经过多年的发展，目前在应用市场上的应用图标数量巨大，同类图标造型十分相近，同质化倾向严重。所有图标都在争夺用户的注意力，要想在众多应用图标中脱颖而出，在设计过程中就要对竞争对手进行分析，从视觉和表意的准确性上进行设计，借鉴优点，同时突出产品的核心特征和属性，强调应用图标的差异性和独特性。通过差异化的设计打造应用图标的独特性，才会在众多的应用图标中脱颖而出，给用户留下深刻的印象。

（3）关联性。

应用图标要与企业名称和产品的功能属性有关联，让品牌价值继续发挥作用，并且让品牌形象延续，从而赋予品牌更强的生命力。通过这些关联性，让用户对产品有更好的认知，降低认知成本，增加用户的下载意愿。

（4）统一性。

在设计应用图标时，可以运用图标栅格网格作为设计参考，它可以更好地统一应用图标的大小，让设计的图标更加统一，保证用户手机屏幕上应用图标的尺寸的一致性，营造良好的用户体验。

（5）色彩的舒适性。

不同的颜色带给人们不同的心理感受，贴合行业属性的色彩能呈现出令人印象深刻的品质形象。合理的色彩搭配和干净明快的色彩可以给应用图标带来更多的关注度。

3. 功能图标的类型和设计原则

1）功能图标的类型

功能图标在应用界面中具有明确的指向性，其作用是辅助文字或替代文字信息来指引用户进行快速选择。功能图标分为三种类型，即线性、面性和线面结合性。

（1）线性图标。线性图标是使用线条勾勒的图标，整体感受趋向于精致、细腻，且具有锐度。风格较为简约，具有很强的识别性。如图 2-25 所示。

图 2-25　线性图标

（2）面性图标。面性图标比线性图标更具力量感和重量感。在识别度上，面性图标更加依赖于外轮廓的清晰度，因此在设计时对于外形的设计是重点，清晰的外轮廓可以提高面性图标的识别度。如图 2-26 所示。

图 2-26　面性图标

（3）线面结合性图标。线面结合性图标结合了线性图标和面性图标的优点，既保持了面性的重量感，同时又具有线性的精致特征。设计时可以根据具体想要表达的内容对线面比例进行合理配置，呈现出不同的视觉效果。如图 2-27 所示。

2）功能图标的设计原则

（1）表意准确。功能图标的表意要准确，首先要明确三个问题，即功能图标的位置，功能图标的用途，功能图标所要传达的含义。同时，能否让用户一眼就能看出功能图标所要表达的含义是功能图标设计是否成功的关键。

图 2-27　线面结合性图标

（2）简洁。功能图标因为尺寸较小，过于复杂的设计会产生视觉干扰，如看不清内容、含义模糊等。这就要求设计师去除冗余的细节，保证功能图标设计风格的简洁性和协调性。如图 2-28 和图 2-29 所示。

（3）可用性。可以通过查找性测试和预测性测试来检验功能图标的可用性效果。

查找性测试：被访者需要按照任务点击功能图标，后台需要计算被访者在不伴随文本标签的同时，找到正确图标的操作时间，以及首次点击的正确率。

预测性测试：需要被访者推断功能图标所代表的功能，并推测点击后会发生什么。如图 2-30 所示。

（4）一致性。功能图标的一致性包括颜色、线条粗细、感情特征、开口设计的一致。只有保持功能图标设计的一致性，才能形成秩序感，提升用户体验感。如图 2-31 所示。

图 2-28　网易云音乐　　　　图 2-29　T3 出行

图 2-30　美团外卖标签栏　　　　图 2-31　Keep 标签栏设计

三、学习任务小结

通过本次任务的学习，同学们已经初步掌握了 UI 设计中的图标设计的概念，同时对应用图标和功能图标的类型以及设计原则也有了清晰的认识。

四、课后作业

以个人为单位，使用 Adobe Photoshop 或 Adobe Illustrator 软件完成 5 个功能图标的设计，并在下次上课时进行展示和分享。

学习任务 三 界面设计

教学目标

（1）专业能力：了解 UI 设计中的界面类型，掌握 UI 设计中界面构图的方法。

（2）社会能力：具备团队协作能力，并大方、自信地进行课堂分享。

（3）方法能力：具备信息和资料收集能力，设计分析、提炼及归纳总结能力。

学习目标

（1）知识目标：了解 UI 设计中的界面类型，掌握界面构图的方法和版面布局的技巧。

（2）技能目标：运用所学的界面构图方法进行 APP 界面设计。

（3）素质目标：具备自主学习能力和设计创意能力。

教学建议

1. 教师活动

（1）教师组织学生以小组为单位，分析讨论一个 APP 界面都有哪些类型和功能，将内容汇总成一张图片后进行成果汇报。

（2）教师结合案例讲授 UI 设计的界面构图及版面布局的方法和技巧。

2. 学生活动

（1）以小组为单位，下载一个 APP 进行界面类型分析，梳理每个界面对应的功能，制作成图表的形式进行成果汇报。

（2）根据教师补充的界面类型的相关知识点和讲授的界面构图、版面布局的方法进行课堂实训。

一、学习问题导入

各位同学，大家好！本次课我们一起来学习 UI 设计的界面设计。本次课将围绕三个部分进行讲解，分别是界面类型、界面构图及版面布局。请各位同学以小组为单位，自选一个 APP 并进行下载。分析该 APP 中的每个界面都是什么类型，具有什么功能，截图后整理成图表的形式进行呈现。老师有序组织学生，收集答案，并做好巡堂辅导工作。

二、学习任务讲解

用户界面设计是对软件的人机交互、操作逻辑、界面美观的整体设计。好的 UI 设计不仅可以让软件变得有个性、有品位，还可以让软件的操作变得舒适、简单、自由，并充分体现软件的定位和特点。

1. 界面类型

1）启动页

启动页指打开 APP 第一眼看到的界面，也叫闪屏页。该页面承载了用户对这款 APP 的第一印象。闪屏页出现的时间很短，通常只有 1 秒，需要在这 1 秒的时间内有效地传达出产品的信息。设计定位明确且吸引人的闪屏页，能加深用户对产品的认识度。闪屏页分为品牌宣传、节日关怀和活动推广三种类型，不同类型的闪屏页的内容信息和表达方式也有所不同。如图 2-32 ～图 2-34 所示。

品牌宣传界面是为体现产品的品牌而设定的，主要组成部分是"产品名称＋产品形象＋产品广告语"。品牌宣传界面是最为直白的闪屏页，设计形式较为精简，力求凸显品牌特点。

节日关怀界面是当节假日来临时，通过营造节日的气氛来体现人文关怀的闪屏页。如 QQ 音乐闪屏页设计中对品牌的 logo 进行了延伸设计，以凸显节日元素。这种设计不仅能够增进产品与用户之间的情感，还能加深用户对产品的印象。也可以用整个场景的插画来营造节假日的气氛。

活动推广界面呈现的是产品在运营过程中做的一些活动和广告，推广的内容通常会呈现在闪屏页上，多以插画的形式出现，着重体现的是活动主题和时间节点，营造热闹的活动氛围。

图 2-32　淘宝闪屏页　　　　图 2-33　QQ 音乐闪屏页　　　　图 2-34　美团外卖闪屏页

2）引导页

引导页界面设计能快速抓住使用者眼球，让使用者了解 APP 的价值和功能。

（1）引导页的类型。

APP 引导页能够迅速抓住使用者的眼球，让使用者了解 APP 的价值和功能，起到引导作用；并能精准定位，了解 APP 的目标用户群。引导页分为功能介绍、情感带入、搞笑三种类型。

功能介绍界面是最基础的引导页，用户一般在引导页上停留的时间不会超过 3 秒，引导页需要将信息以简洁明了、通俗易懂的文案和界面呈现给用户。

情感带入的引导页是通过文案和配图，把用户需求通过某种形式表达出来，引导用户去思考 APP 的价值。要求设计形象化、生动化、立体化，增强产品的预热效果，同时带给用户惊喜。

搞笑类型的引导页阅读量一般都较高，其讲究设计效果和设计创意。对设计师的要求较高，要求精通角色扮演和讲故事，综合运用拟人化和交互化的表达方式，根据目标用户的特点进行设计，让用户有身临其境的感觉，最终在页面停留更长时间。

（2）浮层引导页。

浮层引导页一般出现在功能操作提示中，是为了让用户在使用过程中更好地解决问题而提前设计的用户教学界面。表现方式通常以手绘为主，常使用箭头或圆圈进行设计，并用高亮度的颜色突出信息，同时采用蒙版的方式进行强调。

3）首页

首页界面的表现形式有列表型首页、图标型首页、卡片型首页和综合型首页，不同类型的首页布局承载着不同的内涵。如图 2-35 所示。

列表型首页指在一个页面上展示同一个级别的分类模块，模块由标题文案和图像组成，图像可以是照片、图标，方便点击操作，通过上下滑动屏幕可以查看更多内容。

图标型首页是当首页包含多个主要功能时，采取图标的形式进行展示的界面，最好在第一屏展示完整的图标，并将点击操作做到最简单。

卡片型首页指在遇到操作按钮、头像和文字等信息比较复杂的情况时，选择将按钮和信息紧密地联系在一起的方式，可以让用户一目了然，有效地加强内容的可识别性。

综合型首页是综合上述首页设计类型的优点的界面，其注重页面的整体性，呈现出页面统一、协调的效果。

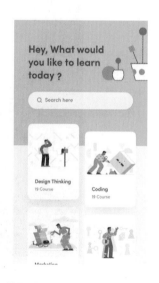

图 2-35　首页界面

4）列表页

列表页是在使用软件搜索或点击分类查找后会出现的结果页面。结果页面通常以列表的形式体现，包括单行列表、双行列表、时间轴和图库列表，展示的内容为"图片＋名称＋介绍"。

（1）单行列表。

大多数消费类产品的结果页面都会以单行列表的形式进行展示。左边为图片，右边是文字信息、评分、价格等，这种展示形式便于用户阅读。图片能够诱导用户进行点击，文字则用来描述商品特点。

（2）双行列表。

为了更加节省空间，每个卡片的排布方式为上图下文，这样可以让页面显得更为饱满。

（3）时间轴。

为了加强内容的前后时间联系，通常使用时间轴的方式来进行列表设计。可以更好地凸显每条信息之间的关系，让用户阅读起来更有条理性。展示方式为左侧是时间轴上的各个节点，右侧是与时间点对应的内容。

（4）图库列表。

主要出现在相册或图片编辑类 APP 中，其中相册的图库列表页有文档和图片平铺两种显示方式。为了让分布更为均匀规整，通常采用正方形的图片形式进行排列。

5）个人中心页

个人中心页又称为"我的"页面，通常设计在页面底部菜单栏的最右侧。在社交应用中，个人中心页有两种角色的划分，一种是自己的个人中心页，另一种是他人的个人中心页。自己的个人中心页可以自己编辑，而他人的个人中心页是供用户关注或进行私信交流的。所以，个人中心页与其他页面在功能上需要有场景区分。

个人中心页主要由头像、个人信息和内容模块组成，通常会采用头像居中对齐的方式进行设计。目的是体现当前的页面信息都与本人有关。头像一般采用圆形，看起来更协调，同时画面也会更加饱满。也可以以头像居左对齐为主，通常在信息比较多的情况下采用这种设计，可节约空间，也能让内容在同一个屏幕上显示完整。在社交应用中，更多的是要凸显人与人的关系。在个人中心页中"关注"和"粉丝"的数量是两个非常重要的信息。设计时应着重凸显数字，以体现个人在群体中的价值。

6）详情页

详情页是整个 APP 中能够产生消费的页面，详情页的内容比较丰富。在阅读类 APP 中，详情页主要以图文信息为主，相对来说更加注重文字的可读性，会选择比较大的字号来突出标题和内容。在电商类 APP 中，使用详情页的主要目的是引导用户购买产品，购买的按钮会一直呈现在界面的顶部或底部，方便用户进行购买。如图 2-36 所示。

7）可输入页

可输入页在社交软件中是用户注册登录的页面，设计时需要考虑出现键盘的时候文字信息会不会被遮挡，输入框的宽度是否易于操作，文字提示是不是达到最精简的程度等。发布消息内容的填写界面将内容有条理地进行分组，可以减少用户填写的压力。在分类比较多的情况下，选用的背景和分割线的颜色不宜太重，否则会让页面显得琐碎不堪。如图 2-37 所示。

8）空白页

空白页指因为网络问题造成的空白页面或没有内容的页面，例如页面中显示"没有信息""列表为空""错误"和"无网络"等内容的页面属于空白页。空白页分为首次进入型和错误提示型两种。这种页面一般都会通过文字信息给用户提示。空白页的设计一定要简洁明了，好的空白页除了提示信息以外，还会引导用户进行实质性操作，从而增强用户对产品的黏性。

图 2-36　详情页界面

图 2-37　可输入页界面

2. 界面构图

1）九宫格构图

九宫格构图主要运用在以分类为主的一级页面，起到功能分类的作用。在界面设计中，这种类型的构图更为规范和常用，通常会利用网格在界面中进行布局，根据水平方向和垂直方向划分所构成的辅助线。九宫格构图最重要的优点是操作便捷，功能凸显，能给用户一目了然的感觉，让用户使用起来非常方便。

2）圆心发射构图

圆心发射构图在界面设计中往往通过构造一个大圆起到聚焦的作用。放射形构图具有凸显中央内容或功能点的作用，在强调核心功能点的时候，可以将功能以圆形的方式排布到中间，以当前主要功能点为中心，然后将其他的按钮或内容放射编排起来。将主要的功能设置在版面的中心位置，能将用户的视线聚集在想要突出的功能点上，就算视线本来不在中间的位置，也能引导用户视线再次回到中心位置。

3）三角形构图

三角形构图主要运用在文字与图标的版式设计中，能让界面保持平衡稳定。自上而下的三角形构图，能把信息层级罗列得更为规整和明确。在界面设计中，三角形构图大部分都是图在上方，文字在下方，这样阅读起来更为舒适，也更符合普通人的阅读习惯。

4）S 型构图

S 型构图强调对用户视觉移动方向的预设。在界面中加入顺畅的构图设计形式作为引导用户视线移动的元素，就能让用户更多地观察到产品的核心和卖点。视线移动的轨迹通常是从上到下或从左到右，如果不能遵循这样的视线轨迹进行排版，用户在阅读的时候会很吃力，找不到重点，会产生反感情绪。因此，在界面设计中需要格外注意轨迹的方向。界面一般是上下滑动的，做好视线引导，可以大大减轻用户的阅读疲劳感。

5）F 型构图

根据图文版式布局，使用 F 型构图能让图文搭配更有张力，更加大气。同时也可以让产品信息的显示更为简单和明确。F 型构图的基本规律是主图为"F"的主干，右侧两行（或两部分）为辅助性的文字，设计时要注意合理分配图片和文字的占比。

3. 版面布局

1）界面版率

界面版率指在设计界面的时候，因为内容和页面较多，为了保证页面之间的统一性，首先需要设定页面内容四周的留白，然后设定页面的间距和相应的内容图标。用这样的方法能使调整出来的页面更有条理。

界面四周增加留白，很容易集中用户的视线到界面少数的内容上，可以有效地突出视觉焦点。反之，缩小留白或者不留白，页面内容会更加丰富，但视觉中心会被削弱。

2）抠图法

在处理图片素材的时候，常常会碰到图片背景杂乱，产品不够突出的问题。在设计前可以对素材进行处理，将产品直接裁剪出来。利用这种方式可以突出产品的形状，越明确的形状越能提高用户对产品的认知度。产品的独特性也能被快速地传达给用户，用户可以第一时间接收产品的信息。

3）破界法

如果需要展示的信息较多，可以采用分割区域的方法让界面显得整齐干净。当信息较少时，设计师可以大胆选用破界法，通过"局部出血"的方式建立边界，再突破它，增加层次感和冲击力，凸显主题。运用图片的穿插来区分背景和产品，形成形象的层次感，可以让界面更加生动。

4）视觉层次

视觉层次是从视觉上认知的一种空间关系，也就是我们经常说的前后关系。有层级的设计不仅能提高使用效率，还能激发用户的使用兴趣。设计师可以利用大小对比、冷暖对比、明暗度对比、视线规则和中心点引导等方式来进行区分。

在界面设计中，同样的色彩元素，面积越大的层级应越靠前。另外，根据色彩的属性，暖色靠前，冷色靠后。在设计中经常将主视觉或需要突出的按钮设置为相对暖一点的颜色，背景则用冷色。从左到右，从上而下的阅读顺序决定了内容信息的排布，图标一般位于左侧，描述性文字一般位于右侧，而排列顺序则遵循从上到下的规律。通常情况下，中心位置是最先被看到的。一般闪屏页和引导页持续时长约为几秒钟，为了突出品牌或产品介绍等重要信息，经常会将元素放在中心位置，通过这种方式可以在最短的时间内将重要信息传递给用户。

三、学习任务小结

通过本次任务的学习，同学们已经初步了解了 UI 设计的界面类型、界面构图及版面布局的方法和技巧。

040

四、课后作业

使用 Axure RP、ProtoPie 或 Adobe XD 对上节课我们设计的 APP 进行主要界面的设计创作。其中包括启动页、登录界面、首页、详情页、个人中心页、设置界面、空白页等主要界面。并制作成 PPT 进行分享。

学习任务 四 交互设计

教学目标

（1）专业能力：了解 UI 设计交互动画的类型及设计原则，说出手势交互对应的效果。

（2）社会能力：具备团队协作能力，并大方、自信地进行课堂分享。

（3）方法能力：具备信息和资料收集能力，设计分析、提炼及归纳总结能力。

学习目标

（1）知识目标：了解 UI 设计的交互动画类型及设计原则。

（2）技能目标：辨别 APP 中的交互形式，完成交互原型图设计并做好相关标注。

（3）素质目标：具备自主学习意识和设计制作能力。、

教学建议

1. 教师活动

（1）教师组织学生下载 APP，分析 APP 中的动画效果及对应的功能。

（2）教师讲授 UI 设计的交互动画类型及设计原理，分析手势交互的应用原理。

2. 学生活动

（1）课堂上学生聆听老师讲解 UI 设计的交互动画类型和设计原理，分析手势交互的应用原理，并在老师的指导下进行课堂实训。

（2）学生建立自己的 UI 设计素材库，养成良好的学习习惯。

一、学习问题导入

各位同学，大家好！本次课我们一起来学习 UI 设计的交互设计。本次课将围绕交互动画的分类、设计原则，以及手势交互应用三个部分进行学习。首先，请各位同学下载一个新的 APP，观察这个 APP 中出现了哪些动画形式，分别具备哪些功能，并记录在笔记本上。然后，老师有序组织学生收集答案。

二、学习任务讲解

1. 交互动画的分类

1）欢迎动画

欢迎动画页面以闪屏页形式呈现，一般使用企业宣传动画或企业动态标志动画，强调品牌、传递情感。流畅、合理的动画能增加产品的识别性，也可以树立品牌形象，还能给用户带来轻松、愉悦的体验感。欢迎动画时间不宜过长，否则会让用户等待时间过久，从而降低用户对 APP 的使用兴趣。

2）跳转动画

跳转动画主要出现在页面转换之时，为了避免两个页面之间的跳转过于生硬，可以利用动画填补页面跳转的中间过程，让用户更好地理解页面跳转，从而使得体验感更加舒适和自然。

3）加载动画

由于网络不流畅等原因，页面不能及时显示，加载动画能减少用户在等待过程中的焦虑感。最初的加载动画为形式单一的沙漏动画，随着技术的提升和人们审美习惯的变化，加载动画的表现形式更加丰富。如图 2-38 所示。

图 2-38 咸鱼、美团外卖、美团买菜的加载动画

4）反馈动画

动画作为界面设计的肢体语言能增强用户的操作感。界面设计中的动画一般都具有一定的交互性，能与用户产生互动。当用户出现错误操作时，用动画反馈替代图形文字的静态提示会显得更加友好、自然。

2. 交互动画的设计原则

1）动画风格统一

移动设备界面显示区域有限，如何在有限的界面中呈现内容？这需要在 APP 界面设计中进行合理的规划，动画设计力求简单、清晰、风格统一。可以从企业标志、标准色进行延伸设计，从构成元素风格上进行控制，同时把握好动画的表现形式。切忌在同一个 APP 中出现不同风格构成元素的动画。如图 2-39 所示。

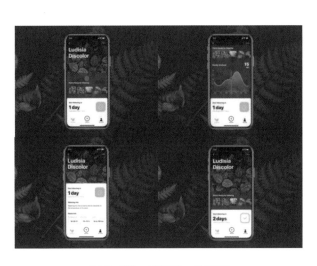

图 2-39　风格统一的界面

2）谨慎增加动画

动画效果的设计需要考虑 APP 的整体效果，并以用户体验为中心进行设计。太多的动画会让用户眼花缭乱，分散用户的注意力，降低用户的体验感，同时也会影响界面加载的速度。在进行界面设计时，应学会动静结合，在需要凝聚用户注意力的地方添加动画效果。

3）简化界面信息

不少 APP 通过绚丽的视觉动画效果来吸引用户，带有很多复杂的视觉元素。如何处理好每个视觉元素之间的关系，有效传达信息，这就需要进行动画设计。动画能简化界面信息和交互层级，从而降低软件操作难度，让操作更合理，提升用户的体验感。

4）把握动画节奏

单调、无趣的动画已经无法满足人们的需求，动画必须具有一定的表现力。APP 动画设计需要以用户为中心，符合人的视觉经验，把握动画的节奏，以运动规律为指导进行设计。动画设计多以自然界中物象运动为参照，接近真实的模仿自然界中物体的运动规律，结合物理力学，强调惯性、弹性、曲线运动，将动作进行适度夸张，做出视觉感受顺畅的动画设计。

3. 手势交互应用

在一款 APP 内，手势控制使用得越多，在屏幕上出现的按钮就越少，这样可以留出更多空间给更有价值的内容。手势交互 APP 的设计可以以内容为重点，让用户在没有障碍的情况下进行操作。一个手势一旦被用户发现并学习使用后就会让用户在体验过程中感到愉悦，而且可以减少手势步骤，达到提高交互体验的目的。例如，在视频播放界面中，可以通过上下滑动进行音量大小、屏幕亮度的调节。以微信界面中的手势交互为例，如表 2-2 所示。

表 2-2 微信界面中的手势交互表

手势	目的	手势	目的
点击	选择控件或元素	底部滑入	退出当前系统
敲击	截屏	左侧滑入	返回上一个界面
长按	进入更多功能选择的界面	向上划	查看更多消息或撤回
轻扫	对页面进行左右切换	旋转	对页面进行旋转
捏合	对图片进行缩放	拖拽	对控件进行移动

三、学习任务小结

通过本次任务的学习，同学们已经初步了解了 UI 设计交互动画的设计类型及设计原则，以及手势交互的方式。

四、课后作业

根据之前作业中的 APP 界面设计，选择合适的交互形式进行相应的效果学习，使用 Axure RP、ProtoPie、Adobe XD、Sketch 进行交互设计。

学习任务

五

标注与切图

教学目标

（1）专业能力：掌握 UI 设计中标注与切图的方法和技巧。

（2）社会能力：具备团队协作能力，并大方、自信地进行课堂分享。

（3）方法能力：具备信息和资料收集能力，设计分析、提炼及归纳总结能力。

学习目标

（1）知识目标：掌握 UI 设计中标注与切图的方法技巧。

（2）技能目标：将标注及切图技巧运用到 UI 设计中。

（3）素质目标：具备自主学习能力和设计创意能力。

教学建议

1. 教师活动

（1）教师组织学生独立思考为什么在完成界面设计后，设计师还需要进行相应的标注及切图。

（2）教师讲授标注及切图的技巧及注意事项，并做相应的示范。

2. 学生活动

（1）学生聆听教师讲授标注及切图的技巧及注意事项，并进行课堂实训。

（2）学生建立自己的 UI 设计素材库，养成良好的学习习惯。

一、学习问题导入

各位同学，大家好！之前我们针对 UI 设计中的项目流程、图标设计、界面设计、交互动画进行了学习，本次课我们一起来学习 UI 设计中的标注与切图。首先，请各位同学独立思考，为什么我们需要将已经完成好的界面进行相应的标注及切图？将答案写在笔记本上。然后，老师有序组织学生收集答案，并补充相应的知识点。

二、学习任务讲解

在完成基本界面设计后，如何保证设计效果达到预期的标准？需要做好相应的标注，并按规范进行切图。

1. 标注

当界面设计定稿后，设计师需要对界面进行标注后再提交给程序员。程序员根据设计师提供的数据尽可能地还原界面效果。其中需要对文字的字体大小、粗细、色彩、不透明度，界面的背景色、不透明度，图标、文字、列表之间的间距等进行相应的规范。如图 2-40 所示。

需要标注的内容如下。

图 2-40　界面标注图 1

（1）文字：字体大小、字体颜色。

（2）段落文字：字体大小、字体颜色、行距。

（3）空间布局：控件宽高、背景色、透明度、描边、圆角大小。

（4）列表：列表高度、列表颜色、列表内容上下左右间距。

（5）间距：控件之间的距离、外间距的左右边距、内间距和横向宽度。

（6）全部属性：如导航栏文字大小、颜色，左右边距，默认间距等。

如图 2-41 所示。

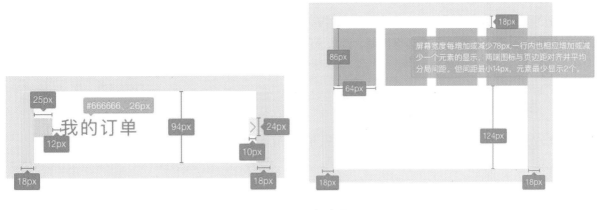

图 2-41　界面标注图 2

2. 切图

通常制作好的切图和标注会输出 3 个文件包，分别是 iOS 切图包、Android 切图包和 mark 标注图包。

（1）切图命名全部为小写英文字母，这是最基本的规则。因为这样做可以方便程序员直接使用切图，代码里只有小写的英文字母。命名方式一般为"界面 _ 功能 _ 状态 .png"，以下是常见的控件及状态命名方式。如表 2-3 所示。

表 2-3　常见的控件及状态命名方式表

控件	命名	控件	命名
图标	icon	图片	img
背景	bg	列表	list
菜单	menu	栏	bar
工具栏	toolbar	标签栏	tabbar
文本框	label	蒙版	mask
标记	sign	视图	view
编辑	edit	面板	panel
首页	home	弹出面板	sheet
搜索	search	联系人	contacts
锁屏	lock screen	开关	switch
状态	命名	状态	命名
默认	normal	按下	press
选中	selected	点击后、禁用	disabled
悬停	hover	点击	highlight

（2）为了保证切图资源在程序员开发时是高清显示的，切图资源尺寸必须为双数。因为 1 像素是智能手机能够识别的最小单位，也就是说 1 像素不能在智能手机中被分为两份。所以如果是单数切图，手机系统就会自动拉伸切图，从而导致切图元素边缘模糊，造成 APP 界面效果与原设计效果有差别。

三、学习任务小结

通过本次任务的学习，同学们已经掌握了关于 UI 设计中标注及切图的基础知识。

四、课后作业

以小组为单位，使用 Zeplin、PxCook 对之前完成好的 APP 进行界面标注及切图实训。实训成果需要大家制作成 PPT 进行展示和分享。

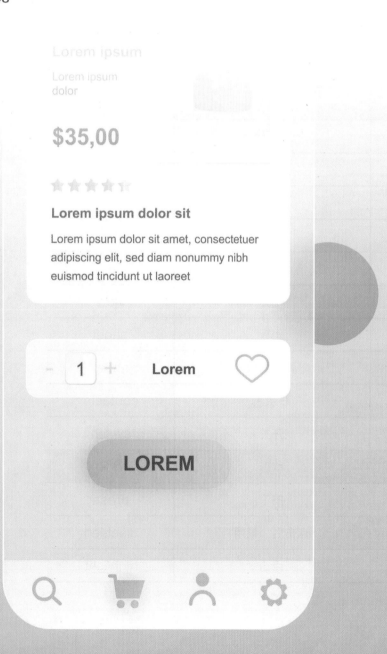

项目三
旅游类界面设计与技能实训

学习任务一　旅游类 APP 产品定位

学习任务二　旅游类 APP 原型图设计与技能实训

学习任务三　旅游类 APP 图标设计与技能实训

学习任务四　旅游类 APP 界面设计与技能实训

旅游类 APP 产品定位

教学目标

（1）专业能力：通过旅游类 APP 进行产品定位，明确产品分析 5W1H 方法。根据用户需求确定 APP 的产品方向。

（2）社会能力：分析目前市场主流的旅游类 APP 产品特点，并根据产品功能进行竞品分析。

（3）方法能力：具备资料收集能力、数据分析能力、信息架构能力。

学习目标

（1）知识目标：了解旅游类 5W1H 产品需求方法和数据处理。

（2）技能目标：按照要求灵活运用脑图得出产品定位方向。

（3）素质目标：通过训练提高市场调研的能力，对旅游类 APP 进行竞品分析。

教学建议

1. 教师活动

（1）教师在课堂上展示优秀的旅游类 APP 界面作品，并结合不同的旅游界面进行讲解，引出旅游界面设计的流程，并激发学生的学习兴趣。

（2）教师示范旅游类 APP 产品定位的步骤。

（3）教师拟定设计市场调研的题目，进行方法指导，指导学生进行课堂实训。

2. 学生活动

（1）学生课前准备学习资料和市场调研数据，在老师的指引下进行数据分析练习。

（2）学生课后查阅大量优秀的旅游类界面素材资料，并形成资源库。

一、学习任务导入

同学们，大家好！请问大家去过哪里旅游？出去旅游会查攻略吗？会用什么 APP 进行查询？今天我们一起来学习旅游类 APP 的产品定位。

旅游类 APP 界面在当下的 APP 中比较常见，旅游类 APP 界面因其功能性和美观性较强，故十分吸引用户的眼球。在旅游类 APP 界面设计中，设计师十分重视界面的视觉效果和交互性，因此在设计过程中应通过富有感染力的图形和按钮，使其具有旅游的特性，让用户能够获得感官上的享受，起到共情的作用。图 3-1 是去哪儿旅行 APP 界面。

图 3-1　去哪儿旅行 APP 界面

二、学习任务讲解

APP 界面设计的产品需求挖掘法是 5W1H，如图 3-2 所示。结合旅游类 APP 界面设计的产品，上述方法分为产品背景分析、产品分析、用户分析、竞品分析四个阶段。

图 3-2　产品需求挖掘法

1. 产品背景分析

根据易观数据发布的《中国在线旅游预订市场发展图鉴 2019》，我国的旅游市场在 2019 年虽依旧欣欣向荣，但增速减缓。2020 年上半年，受新冠肺炎疫情影响，旅游行业低迷。随着下半年国内疫情防控取得阶段性成果，旅游消费环境趋于安全稳定，民众旅游需求大幅释放。长远来看，在线旅游行业依然拥有大量需求。如图 3-3 所示。

图 3-3　中国在线旅游人次数与市场交易规模

2. 产品分析

对旅游类 APP 的名称、产品介绍、特色、核心等进行分析，图 3-4 为云游 APP 的产品分析。

随心旅游 APP 产品把侧重点放在游客对旅游的分享上面，让用户了解游客对各个景点的评价与感受，发现每个景点的独特魅力，图 3-5 为随心旅游 APP。

图 3-4　云游 APP 的产品分析

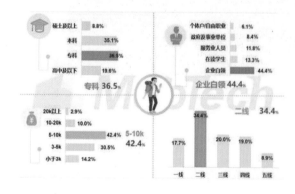

图 3-5　随心旅游 APP

3. 用户分析

此部分分析在线旅游类 APP 用户的使用场景和需求，以及用户在出行的整个过程中的行为，洞察用户需求。

1）用户画像

据 MobTech 数据显示，如图 3-6 所示，在线旅行平台用户以企业白领居多，超四成用户月收入在 5 000~1 0000，超三成用户来自二线城市。图 3-7 为随心旅游 APP 的用户画像。

图 3-6　MobTech 数据

图 3-7　随心旅游 APP 的用户画像

2）用户行为

家庭游是最常见的出游类型，普通旅游用户占比超过 70%。根据对去哪儿旅游 APP 用户的统计，出游类型相对多元化，家庭游排首位，且占比仍将进一步提升。此外，文化游、海岛游这些休闲度假深度游未来更受欢迎。如图 3-8 所示。

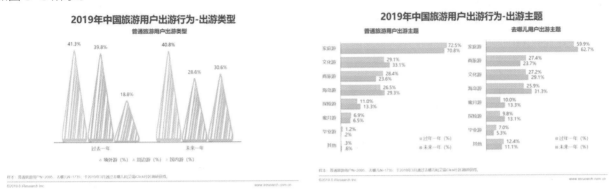

图 3-8　去哪儿旅游 APP 用户出游行为的统计

3）用户习惯

调研数据显示，用户选择在线旅游平台时最看重价格优惠和产品资源的丰富程度，去哪儿旅游 APP 用户更看重价格优惠和详细的攻略内容。50% 以上的用户认为特色的线路产品能吸引他们对旅游营销活动的关注，去哪儿旅游 APP 用户认为攻略内容及福利折扣能增加关注度。如图 3-9 所示。

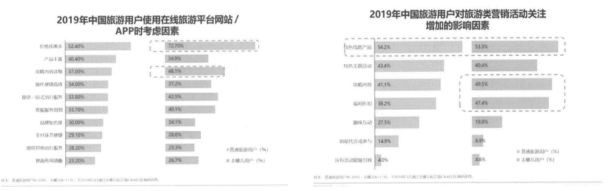

图 3-9　去哪儿旅游 APP 用户统计

4.竞品分析

以下选取携程、飞猪和马蜂窝三个在线旅游类 APP 进行分析，这三个 APP 代表了不同的商业模式，携程作为行业标杆，在在线旅游行业中排第一，拥有丰富的资源和经验。

如图 3-10 所示，根据艾瑞指数 2020 年 6 月数据，携程、飞猪、马蜂窝分列在线旅游类 APP 月度独立设备数第一、三、五名，数据分别为 6 408 万台、2 170 万台、1 011 万台。2020 年上半年，受疫情影响，旅游行业陷入低迷，月度独立设备数有所下降。2019 年，携程用户稳定在 7 000 万以上，飞猪用户稳定在 3 000 万以上，马蜂窝用户则在 1 000 万左右。

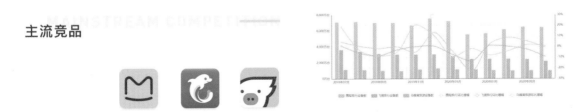

图 3-10　艾瑞指数 2020 年 6 月数据

携程的盈利项目集中于三点，即在自身平台上发布的价格与供应商提供的产品报价之间的差额、供应商给予平台的佣金、供应商与平台之间存在的广告费用。飞猪的盈利模式主要有信息平台式、佣金、搜索比价式、网络直销平台式、解决方案式等。马蜂窝的商业模式是将消费决策与在线旅游代理商连接起来，从而收取佣金，同时为旅游机构提供品牌宣传的平台。

1）携程

产品定位：酒店预订，机票预订，旅游度假，高铁预订，商旅管理，特惠商户及旅游资讯。

口号：放心的服务，放心的价格。

目标用户：中等及中等以上收入的白领阶层。如图 3-11 所示。

2）飞猪

产品定位：飞猪将目标客群锁定为互联网下成长起来的一代，结合阿里大生态优势，通过互联网手段，让消费者获得更自由、更具想象力的旅程，成为年轻人度假尤其是境外旅行服务的行业标杆。

口号：享受大不同。

目标用户：互联网下成长起来的一代，即新一代的年轻人。如图 3-12 所示。

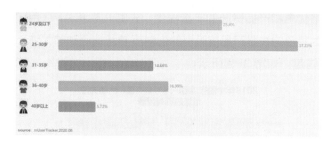

图 3-11　携程用户年龄分布

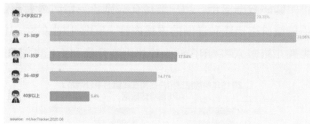

图 3-12　飞猪用户年龄分布

3）马蜂窝

产品定位：集合旅行文化、社区氛围，崇尚自由行的旅游服务 APP。

口号：旅游之前，先上马蜂窝。

目标用户：热爱旅行以及热爱旅行分享的年轻群体。如图 3-13 所示。

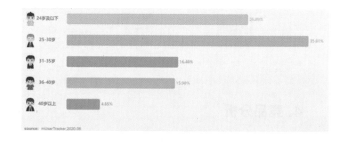

图 3-13　马蜂窝用户年龄分布

三、学习任务小结

通过本次课的学习，同学们已经初步了解了旅游类 APP 产品定位的步骤和数据处理方法。并且能够通过训练提高市场调研的能力，能够对旅游类 APP 界面进行需求策划。旅游类 APP 产品需求策划只有通过不断的实践，才能发现用户真实的需求，做出用户满意的产品。课后，大家要做到多看、多练，逐步掌握旅游类 APP 界面设计的产品定位。

四、课后作业

设计一款旅游类 APP，并进行产品需求分析。

学习任务 二

旅游类 APP 原型图设计与技能实训

教学目标

（1）专业能力：通过对旅游类 APP 原型图的设计与制作，掌握旅游类 APP 原型图设计的基本步骤与方法。

（2）社会能力：了解 APP 原型图设计的制作内容与技巧。

（3）方法能力：具备资料收集能力、归纳总结能力、图表制作能力。

学习目标

（1）知识目标：了解旅游类 APP 原型图设计的基本步骤与方法。

（2）技能目标：按照要求，灵活制作旅游类 APP 原型图。

（3）素质目标：通过训练提高归纳总结能力，根据产品需求策划提出合适的原型图设计。

教学建议

1. 教师活动

（1）教师在课堂上根据学习任务一中旅游类 APP 的产品定位，提出合适的旅游类 APP 原型图设计。

（2）教师示范旅游类 APP 原型图设计的步骤。

（3）教师拟定原型图设计的题目，进行方法指导，指导学生进行课堂实训。

2. 学生活动

（1）学生课前准备学习资料和原型图设计软件 Axure，在老师的指引下进行旅游类 APP 原型图设计练习。

（2）学生课后查阅大量优秀的旅游类 APP 原型图素材资料，并形成资源库。

一、学习任务导入

同学们，大家好！今天我们一起来学习如何设计与制作旅游类 APP 原型图。原型图指在工作过程中让人提前观看或体验产品的一个视觉成果，它可以很好地在项目前期表达出设计人员对产品的视觉设计，是一种较为立体、有效的沟通方式，也是很好的设计思路展现形式。

原型图能确定整个 APP 界面各部分的内容和分类，相当于产品架构，产品的交互设计与视觉样式设计都是在这个架构的基础上进行的，可以直接体现产品需求策划的内容。如图 3-14 所示。

原型图的视觉效果有几种不同的呈现形式，分别被称之为草稿、低保真原型图、高保真原型图和已经加上交互设计的原型图。草稿只是一个初步设想的呈现形式，用纸和笔简单表现即可；低保真原型图就是以线框图呈现，不做任何画面的修饰，只是内部展示所用；高保真原型图则是经过较为精细的渲染，添加简单的图片修饰，更接近于真实成品的一个临界点，主要用来给上下游工作人员或者客户呈现展示；而最为复杂的交互原型图主要是用来提供给开发人员，便于开发沟通。

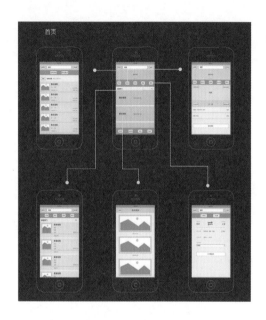
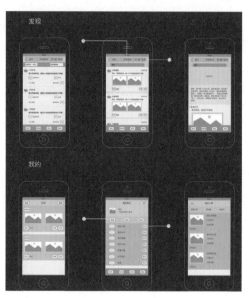

图 3-14　THE WAY APP 部分原型图设计稿

二、学习任务讲解

1. 产品框架

悦途旅行 APP 主要有 5 个模块，分别是"首页""行程""拍购""客服"和"我的"。目前，悦途旅行 APP 拥有两大类共 15 条产品线：一是包价类，提供完整的出行方案，包括跟团游、定制游、自由行套餐、邮轮、主题游、高端游；二是单项类，提供全面的目的地体验，包括门票、玩乐、专车、向导、购物。如图 3-15 所示。

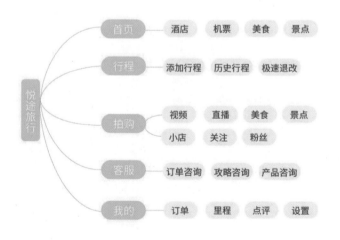

图 3-15　悦途旅行 APP 框架图

2. 原型图设计

优行旅游是一款为热爱旅行的人定制的旅行 APP，优行 APP 低保真初稿线框图使用线条和方框填充，确定 APP 框架的字体大小，目的是添加功能控件，为界面图标预留空间，大概的功能块面便于程序员在开发过程中把控 APP 交互界面的整体感，加快开发进度。如图 3-16 所示。

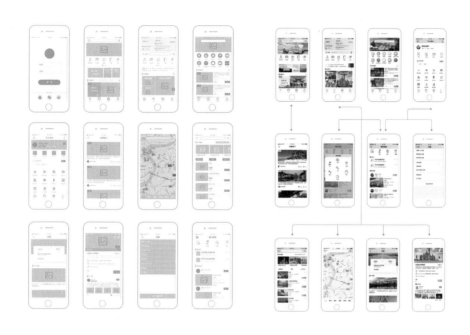

图 3-16　优行 APP 低保真和高保真原型图

3. 原型图制作

制作途游 APP 原型图。

（1）步骤 1：打开 Axure 软件，运用方框工具绘制手机样机，外壳大小根据手机型号自由确定，样机屏幕大小为 750 px×1334px。样机也可以通过网上下载获取。如图 3-17 所示。

图 3-17　手机样机

（2）步骤2：根据框架图信息，输入文字，根据转播图（Banner）尺寸创建占位符。如图3-18所示。

（3）步骤3：利用方框工具制作特价机票模块，运用对齐工具进行排列，输入文字并绘制图标，整体进行对齐排列。如图3-19所示。

（4）步骤4：根据学习任务一课后作业制作产品框架和原型图。部分原型图如图3-20所示。

图 3-18　原型图机票页面　　　　　　　图 3-19　原型图特价机票模块

图 3-20　途游 APP 部分原型图

三、学习任务小结

通过本次课的学习，同学们已经初步了解了旅游类 APP 原型图的设计与制作。可以使用不同的软件来设计与制作原型图，本次课程以 Axure 软件为例，课后，同学们可以尝试使用不同的软件来制作原型图。

四、课后作业

根据学习任务一制作的旅游类 APP 需求分析，制作框架图和原型图。

学习任务 三

旅游类 APP 图标设计与技能实训

教学目标

（1）专业能力：通过旅游类品牌的调性、产品的功能设计并制作图标。

（2）社会能力：分析旅游类图标的风格，建立符合用户需求的风格。

（3）方法能力：具备资料收集能力、信息分析能力、设计绘制能力。

学习目标

（1）知识目标：理解旅游类图标的风格和功能。

（2）技能目标：按照要求，灵活设计并制作旅游类图标。

（3）素质目标：根据设计的图标，与策划、程序开发人员进行团队合作。

教学建议

1. 教师活动

（1）教师在课堂上根据学习任务二中旅游类 APP 的原型图设计，提出合适的品牌图标风格。

（2）教师分析图标风格并示范旅游类图标的设计步骤。

（3）教师拟定图标设计的题目，进行方法指导，指导学生进行课堂实训。

2. 学生活动

（1）学生课前准备学习资料和软件制作工具，在老师的指引下进行图标风格的分析、设计与制作。

（2）学生课后查阅大量优秀的图标素材资料，并形成资源库。

一、学习任务导入

同学们，大家好！今天我们一起来学习如何设计与制作旅游类图标。图标设计要遵循设计准确、视觉统一、简洁美观等原则。在风格表现上，同学们可以根据应用场景和旅游类产品选择合适的风格，用色尽量不要超过3种，否则会导致用户视觉混乱。设计图标时应赋予图标舒适的情感，令用户不仅能快速实现目标，更能体验图标交互的喜悦。

二、学习任务讲解

1. 旅游类图标扁平化风格

1）线性图标

旅游类线性图标形象简洁、设计轻盈，扁平化风格能呈现设计主流、突出功能，圆角图标给旅游用户带来自然和亲切的感觉。如图 3-21 所示。

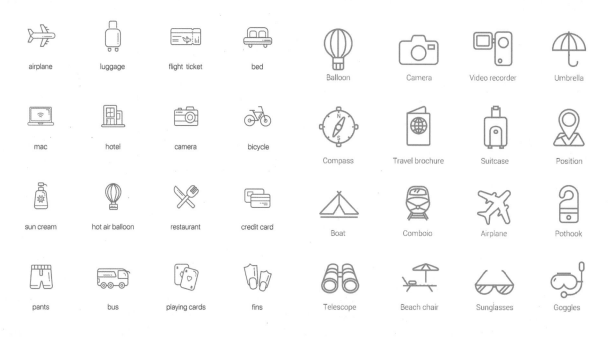

图 3-21　旅游类线性图标

2）面性图标

面性图标经常用于旅游类 APP 界面的标签栏、界面的金刚区和界面中重要的分类。面性图标整体饱满、形象突出。如图 3-22 所示。

3）线面结合性图标

线面结合性图标是线性图标和面性图标的结合，经常用于趣味性旅游类 APP 界面中底部标签栏、界面中的分类或引导页。如图 3-23 所示。

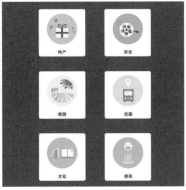

图 3-22　旅游类面性图标　　　　　　　　　　　图 3-23　旅游类线面结合性图标

2. 设计与绘制旅游类图标

（1）步骤1：打开 Photoshop 软件，打开 AppIcons 图标模板。如图 3-24 所示。

（2）步骤2：新建一个新的图层，运用钢笔工具绘制一个飞机的造型，在运用钢笔工具的过程中可以通过 Alt+ 鼠标左键去除手柄，完成飞机的图形路径。如图 3-25 所示。

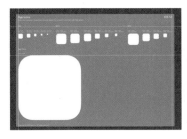

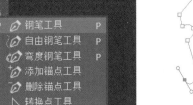

图 3-24　AppIcons 图标模板　　　　　　　　　　　图 3-25　绘制飞机图形

（3）步骤3：打开渐变工具，根据图标色彩风格选择主色调，通过同色系的蓝色体现飞机图标。如图 3-26 所示。

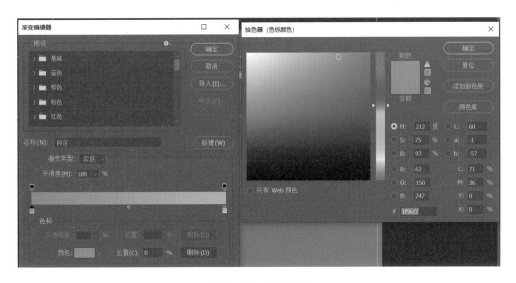

图 3-26　渐变工具

项目
三

旅游类界面设计与技能实训

061

（4）步骤4：填充渐变颜色，选择路径，按住 Ctrl+Enter 转化为选区，新建新的图层，填充白色，飞机图形和背景成组。如图 3-27 所示。

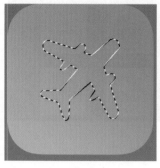

图 3-27　填充颜色

（5）步骤5：成组后复制多个，在图层蒙版的作用下，最终完成图标效果。如图 3-28 所示。

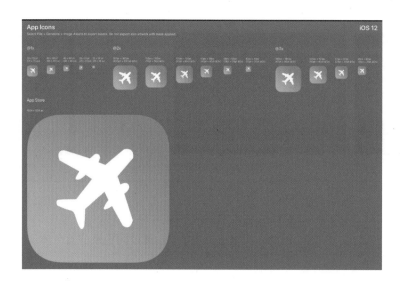

图 3-28　图标效果图

三、学习任务小结

通过本次课的学习，同学们已经初步了解了旅游类 APP 图标设计的方法，先对旅游类图标进行风格分析，根据品牌调性制作界面中的各种图标。课后，同学们可以尝试为其他类型的 APP 进行图标设计。

四、课后作业

设计并制作旅游类扁平化风格的图标。

学习任务

四

旅游类 APP 界面设计与技能实训

教学目标

（1）专业能力：通过对旅游类 APP 界面进行设计，掌握旅游类 APP 界面设计的基本步骤与方法。

（2）社会能力：了解旅游类 APP 界面设计的内容，掌握旅游类 APP 界面的风格选择。

（3）方法能力：具备设计制作能力、艺术审美能力、视觉表现能力。

学习目标

（1）知识目标：了解旅游类 APP 界面设计的步骤和方法。

（2）技能目标：按照要求灵活设计旅游类 APP 界面视觉效果。

（3）素质目标：通过训练提高视觉传达设计能力，对旅游类 APP 界面作品进行鉴赏和评价。

教学建议

1. 教师活动

（1）教师根据前期学习任务的原型图制作旅游类 APP 界面视觉设计效果，并结合不同类型的旅游类 APP 界面特点进行讲解，激发学生的学习兴趣。

（2）教师示范旅游类 APP 界面设计的绘制步骤。

（3）教师拟定设计旅游主题，进行方法指导，指导学生进行课堂实训。

2. 学生活动

（1）学生课前收集优秀旅游类 APP 视觉设计的素材资料，并形成资源库。

（2）学生课前准备学习资料和设计工具，课中在老师的指引下进行旅游类 APP 界面的设计。

一、学习任务导入

同学们，大家好！今天我们一起来学习如何设计旅游类 APP 界面。视觉设计是一种信息表达的方式，充满美感的 APP 界面会让用户从潜意识中青睐它，甚至忘记时间成本与它"相处"，同时加深用户对产品品牌的认知。由于每个人的审美观不尽相同，因此必须面向目标用户去设计 APP 界面的视觉效果。本次课程以旅游类 APP 界面设计为例展开。

二、学习任务讲解

1. 案例概述

途游 APP 的界面设计，如图 3-29 和图 3-30 所示。

图 3-29　途游 APP

图 3-30　途游 APP 首页界面

（1）步骤 1：制作界面之前应先了解界面基本规范，从控件规范、字体规范、排版细节等开始，执行"文件→新建"。如图 3-31 所示。

图 3-31　界面控件规范

（2）步骤 2：利用矩形选框工具确定状态栏的高度 40px，导入状态栏，利用标尺工具确定导航栏的高度 88px。如图 3-32 所示。

图 3-32　绘制界面状态栏

（3）步骤 3：运用文字工具输入相应文字，利用圆角矩形工具绘制搜索栏，打开图层样式添加投影效果。如图 3-33 所示。

图 3-33　绘制搜索栏

（4）步骤 4：绘制矩形框，添加"颜色叠加"，将图层进行分组。如图 3-34 所示。

（5）步骤 5：根据旅游类 APP 界面要求，绘制景点矩形框，添加图层"渐变叠加"。如图 3-35 所示。

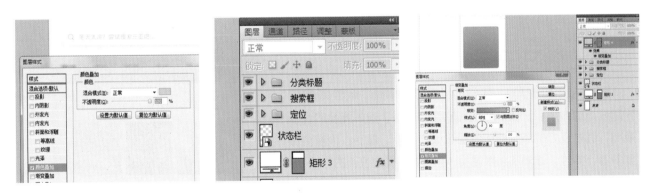

图 3-34　添加"颜色叠加"　　　　　　　　　图 3-35　添加图层"渐变叠加"

（6）步骤 6：添加文字，绘制左边风景矩形框，找一张符合地点风格的风景素材，利用图层剪切蒙版，使图片呈现圆角矩形效果。如图 3-36 所示。

（7）步骤 7：在风景图上添加文字，观察右边图层关系。如图 3-37 所示。

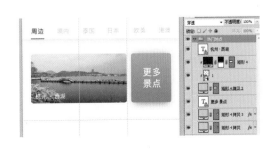

图 3-36　利用图层剪切蒙版　　　　　　　图 3-37　图层效果

（8）步骤8：制作"当地必玩"模块，绘制圆角矩形，添加"颜色叠加"，导入场景，运用图层剪切蒙版，完成3个小模块。如图3-38所示。

（9）步骤9：运用标尺设置标签栏98px，运用钢笔工具绘制扁平化风格图标，根据信息框架完成标签栏，最后完成界面设计，如图3-39和图3-40所示。

图 3-38 "当地必玩"模块绘制

图 3-39 绘制标签栏

三、学习任务小结

通过本次课的学习，同学们已经初步掌握了旅游类APP界面设计的方法和步骤。在熟练软件的同时，理解界面的设计规范，通过反复的练习形成界面设计作品集。课后，大家要做到多看、多练，逐步掌握旅游类APP界面视觉设计的方法。

四、课后作业

根据前期学习任务，练习旅游类APP界面设计。

图 3-40 途游 APP 主页界面设计

项目四
影音类界面设计
与技能实训

学习任务一　音乐类 APP 产品定位
学习任务二　音乐类 APP 信息结构图设计与技能实训
学习任务三　音乐类 APP 原型图设计与技能实训
学习任务四　音乐类 APP 界面设计与技能实训

学习任务

音乐类 APP 产品定位

教学目标

（1）专业能力：通过对音乐类 APP 界面设计的需求分析，掌握音乐类 APP 界面的特点和设计流程。

（2）社会能力：培养团队合作的精神，提升人际交流的能力；分析目前商业市场上主流的音乐界面，市场调研，并进行准确的数据分析和数据处理。

（3）方法能力：具备信息和资料收集能力、案例分析与理解能力、创新创意能力。

学习目标

（1）知识目标：了解音乐类 APP 界面需求分析的步骤和数据处理。

（2）技能目标：按照要求对市场调研得出的数据进行处理和分析。

（3）素质目标：通过训练提高市场调研的能力，对音乐类 APP 界面进行需求分析。

教学建议

1. 教师活动

（1）教师在课堂上展示优秀的 APP 界面作品，并结合不同的音乐类 APP 界面进行讲解并提问，引导学生完成案例赏析，引出音乐类 APP 界面设计的流程，指导学生通过网络、手机等信息化平台收集信息，培养和提升学生信息收集能力。

（2）教师示范音乐类 APP 界面关于需求策划分析的步骤。

（3）教师拟定设计市场调研的题目，进行方法指导，指导学生进行课堂实训。

2. 学生活动

（1）学生课前准备学习资料和市场调研数据，在老师的指引下进行基础的数据分析练习。

（2）学生课后查阅大量优秀的音乐类 APP 界面素材资料，并形成资源库。

一、学习问题导入

各位同学，大家好！今天我们来学习音乐类 APP 设计。纵观音乐市场，APP 产品可谓层出不穷，PC 端和移动端使用人数都日趋增加，用户付费习惯逐渐养成，音乐行业不断扩展到线下，给用户带来多元化的选择。从最早陪伴大家的 QQ 音乐，到虾米音乐在 80 后和 90 后音乐爱好者心目中占有一席之地，再到后来的网易云音乐横空出世，"社区＋音乐"的模式给用户带来了全新的体验。如图 4-1 和图 4-2 所示，此三款不同定位的音乐类 APP 最具代表性。

图 4-1　三款不同定位的音乐类 APP 启动图标

图 4-2　三款不同定位的音乐类 APP 的首页

二、学习任务讲解

1.APP 界面设计的流程

在互联网公司一个项目全流程中，与交互和界面设计相关的设计流程大致有市场分析、创意设计、用户研究、概念设计、设计控件预设、交互设计、交互 Demo、用户测试、视觉预研、视觉设计、设计 Demo、用户验证测试、前端开发、开发 Demo、展示 Demo、迭代、用户测试、测试数据回收、用户数据验证、灰度、全量、项目总结、规范输出、控件库、用户跟踪反馈，等等。根据本项目任务分析，重点讲解产品需求、结构流程草图、流程设计、视觉设计和前端开发。如图 4-3 所示。

1）产品需求

通过详细阅读产品经理 PM（Project Manager）订立的产品需求文档 PRD（Product Requirement Document），确保在对产品需求的理解上，与产品经理 PM 保持一致。

图 4-3　交互与界面设计师的主要工作

2）结构流程草图

通过草图快速将"产品关键流程""关键交互及界面布局"呈现于纸面，以此与 PM、技术人员沟通直至达成共识。

3）流程设计

Wireframe 让团队对产品的理解无异议，对最终的产品有直观的了解。在这个阶段，开发技术人员可以依据原型对 UI 关联较小的部分进行技术开发。

4）视觉设计

在有相对完整的设计规范、控件规范的前提下，设计师要完成视觉风格探索、关键页面的视觉设计和交互动画表现。

5）前端开发

完全依靠规范作业、设计文件标注，最多只能够确保 80% 的交互、视觉细节被还原。剩下的 20%，需要设计师与开发人员一起反复打磨，这个打磨的过程主要集中在前段开发上。

2. 项目任务情境描述

模拟一家互联网科技公司推出一款全新的网络音乐类 APP 产品，要求全新设计这一款音乐类 APP 产品的整体前端视觉。

本产品是基于移动端的一款在线小众音乐类 APP，其主要受众对象为小众音乐发烧友和小众音乐创作者。小众音乐类 APP 的特点在于新歌曲推送模式，浓厚的音乐氛围，高品质的交互设计以及创新型产品定位，与线下演出相结合等。其是以"歌单"作为核心架构的音乐类 APP，主打"发现"和"分享"。可以根据用户习惯自动匹配"个性化推荐"和"私人 FM"，以及最受众的"乐评"。他人可以在歌曲评论中找到共鸣。

本产品命名为"叮咚音乐"，是一款为喜欢小众音乐的人群提供个性化服务的社区化音乐平台，让用户欣赏、喜欢、发现、分享、创造音乐。

以下是公司产品经理对前期产品需求的梳理，形成了"叮咚音乐产品需求文档 V1.0"。请同学们通过小组讨论、头脑风暴与思维导图等方法，从产品需求文档 PRD 中，梳理与推导出叮咚音乐 APP 的产品结构图。

1）行业分析

（1）行业属性分析。

所属行业：在线音乐行业。

行业细分：移动音乐。

移动音乐：依托手机、平板电脑等可移动终端设备，通过移动通讯网络或互联网进行传输的音乐。以 APP 为载体的移动音乐涵盖音乐播放器、音乐电台、音乐铃声、音乐娱乐、音乐学习等层面。

（2）行业现状。

商业环境：2015 年，中国文化产业迅速发展，泛娱乐生态链逐渐发展成熟。行业内的主流趋势是版权的互相授权、互通和共享。

社会环境：移动音乐发展的用户基础拥有庞大的移动网民规模。人均教育文娱支出不断攀升，用户付费习惯逐渐养成。

政策环境：国家对音乐版权管理力度不断加强。

技术环境：无线局域网络和 5G 网络的普及，增强了移动音乐的传播效率。以智能手机为代表的智能终端的普及，为移动音乐提供了硬件基础。

（3）行业趋势。

版权：版权规范化带动行业向健康有序方向发展。

用户：付费用户数量快速增长，未来付费市场潜力巨大。

产品：场景化音乐服务及产品体验的持续优化。

模式：上游衍生、下游拓展的全产业链生态化布局。

盈利：用户付费、互动直播、广告招商、O2O 演出、游戏联运等，粉丝经济是未来重要的盈利方向。

（4）代表产品，如图 4-4 所示。

序号	平台	定位	用户规模	特色功能	主要盈利模式
1	QQ音乐	以粉丝为切入点，打造听看玩唱的音乐生态	用户8亿，日活1亿	数字专辑、O2O演出	广告收入、音乐服务收入、会员服务收入、O2O演出等
2	酷狗音乐	涵盖听歌、电台、直播、K歌等功能的一体化娱乐服务平台	用户8亿	直播、K歌	广告收入、音乐服务收入、直播收入、游戏联运收入、衍生商品销售等
3	网易云音乐	侧重发现和分享的社交音乐产品	用户2亿	个性推荐、歌单架构、音乐电台、音乐社交	广告收入、音乐服务收入、直播收入、衍生商品销售等
4	虾米音乐	最具时尚和品位的音乐平台，高品质音乐的发现和分享	用户2000万，月活700万	虾米音乐人	广告收入、音乐服务收入等

图 4-4　中国主流移动音乐产品用户渗透率

2）用户分析

（1）用户目标。

① 收听歌曲（基本需求）：包括在各种场景下在线收听、下载收听，这是最主要也是最重要的用户目标，满足用户的审美需求、认知需求。

② 音乐评论（期望需求）：包括评论音乐、阅读评论等，满足用户的情感和归属需求、尊重需求。

③ 音乐社交（期望需求）：分享音乐、互动交流等，满足用户的情感和归属需求、尊重需求。

④ 主播电台（兴奋需求）：包括录制电台、收听主播电台等，满足用户的情感和归属需求、尊重需求、自我实现需求。

⑤ 在线演唱会等外延需求（兴奋需求）：满足用户的审美需求、认知需求。

（2）场景分析。

① 在家时：独处放松、睡前等场景。

② 在路上：乘坐交通工具、外出旅行等场景。

③ 运动时：锻炼健身等场景。

④ 其他：工作、学习、逛街等场景。

音乐具有疏解情绪、引发共鸣、缓解压力、愉悦身心的作用，而移动音乐产品可以满足用户随时收听音乐的需求。因此，在用户独处、需要放松、抒发情绪的时候，移动音乐便成为满足其需求的重要选择。

艾瑞咨询调查显示，超过七成移动音乐用户每天都会收听音乐，这已成为一种生活习惯。因此，在移动音乐产品中，可考虑围绕使用场景和细分来设计功能。

（3）用户属性。

① 性别：根据艾瑞、易观、比达等互联网咨询公司发布的报告来看，2020 年以来，中国移动音乐用户性别分布基本均衡。其中男性略高，占 55% 左右，女性占 45% 左右。

② 年龄：易观智库关于移动音乐用户年龄分布的调查数据结果显示，超过七成用户主要集中在 85 后和 90 后年龄段。因此，建议在移动音乐产品设计和优化时，可重点关注此年龄段用户，以争取最大量用户的认同。

③ 学历：易观智库关于移动音乐用户学历分布的调查数据显示，大专及以上学历用户仅占三成。因此，建议在移动音乐产品设计和优化时，根据产品自身定位，不同程度地关注低学历用户的需求。而产品设计人员多为高学历人员，这就需要加强对低学历用户的调研。

④ 地域分布：易观智库关于移动音乐用户地域分布的调查数据结果显示，一、二线城市用户与三线城市城镇农村用户数量基本相当。

（4）用户关注点。

比达咨询关于用户选择移动音乐产品的主要影响因素的调查数据显示，移动音乐用户最关注的是产品的曲库规模，其次是音乐品质，然后依次是播放流畅、操作便捷、个性化功能和界面外观。因此，一方面要增加移动音乐产品版权曲库规模，另一方面在设计和优化中，应注重交互体验和功能差异化，以达到吸引用户、增加用户黏性的目的。如图 4-5 所示。

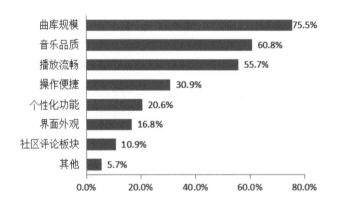

图 4-5　用户选择移动音乐应用的主要影响因素

（5）用户行为分析。

① 收听目的性分析。

艾瑞咨询调查显示，多数用户收听音乐时最常使用的功能是热门歌曲和新歌，而直接搜索音乐内容的行为较少。说明用户将收听音乐作为生活的休闲方式或其他活动的附属工具，对于搜索具体音乐内容的目的性较低。

所以在功能设计和优化时可注重好音乐的发现和推荐，通过算法的优化来推荐符合用户个人品位的音乐内容。

② 音乐偏好分析。

艾瑞咨询调查显示，近五成用户相对喜爱海外音乐，但超过六成用户收听音乐时仍以华语音乐为主。由此推测，一方面用户实际行为和音乐需求有差异，另一方面可能和海外音乐版权不足有关。

③ 付费意愿分析。

艾瑞咨询调查显示，近七成用户有付费行为或付费意愿，目的是追求高品质独家内容，或支持歌星偶像。说明随着版权意识的提升和经济水平的提高，用户付费习惯逐渐养成。产品规划可考虑在尽量不影响用户体验的前提下，设计一些合理的用户付费功能。

④ 延伸服务分析。

在线演唱会：艾瑞咨询调查显示，2020 年以来，近五成用户观看过在线演唱会，方便、价廉、视听效果好为主要选择原因。由此推测，随着演唱会内容、观看体验的提升，线上线下合作的深入，在线演唱会业务会有更大的市场空间和盈利机会。

线下活动：比达咨询调查显示，超过五成用户参加过移动音乐应用举办的线下活动或对其感兴趣，说明移动音乐应用举办线下活动有比较大的市场。随着移动音乐上下游产业链的完善，与版权商、艺人合作的深入，其线下活动业务会有更多的机会。

⑤ 年龄偏好分析。

比达咨询调查显示，90 后用户使用的音乐类 APP 排名前三的分别是 QQ 音乐、网易云音乐、酷狗音乐，80 后用户使用的音乐类 APP 排名前三的分别是 QQ 音乐、酷狗音乐、酷我音乐，70 后用户使用的音乐类 APP 排名前三的分别是酷狗音乐、QQ 音乐、酷我音乐。说明除去市场占有率第一的 QQ 音乐，网易云音乐凭借其浓厚的音乐社交氛围，在年轻用户群体中占有较大市场；而酷狗音乐和酷我音乐因为起步早，积累了大量 80 后、70 后用户，在此年龄段市场占有率较高。

（6）总结分析。

① 音乐社交成为热门功能，音乐外延服务有较高关注度。

② 收听移动音乐已逐渐成为人们的生活习惯，追求高品质音乐成为主流。

③ 音乐付费逐渐被用户接受，对音乐版权认识更加理性。

④ 男女用户均衡、年轻用户居多、低学历者占比大、城乡分布均衡是移动音乐用户的属性特点。

⑤ 曲库规模、音乐品质、交互体验、个性功能是用户选择产品的重要影响因素。

三、学习任务小结

同学们通过对产品需求文档的研读与学习，了解了在启动与策划移动互联网产品前，产品经理需要对整个行业、用户、需求进行整理。界面设计师通过解读产品需求文档，可以对项目与整个产品定位有初步的了解。课后，大家要做到多看、多练，逐步掌握网络音乐类 APP 界面设计的需求策划。

四、课后作业

根据所提供的"叮咚音乐产品需求文档 V1.0"模拟其文档格式，试着对健身运动类 APP 产品进行产品需求策划。

音乐类 APP 信息结构图设计与技能实训

教学目标

（1）专业能力：根据产品需求文档对音乐类 APP 产品的信息结构图进行设计与制作，掌握思维导图设计的基本步骤与方法。

（2）社会能力：了解音乐类 APP 信息结构图设计与制作的内容与技巧。

（3）方法能力：具备资料收集能力、归纳总结能力、图表制作能力。

学习目标

（1）知识目标：了解音乐类 APP 信息结构图设计的基本步骤与方法。

（2）技能目标：按照要求设计制作音乐类 APP 信息结构图，为原型图绘制做准备。

（3）素质目标：通过训练提高归纳总结能力，从产品需求文档中提取出合适的关键信息，以完成绘制信息结构图。

教学建议

1. 教师活动

（1）教师在课堂上根据"叮咚音乐产品需求文档 V1.0"，提出合适的项目要求的信息结构图设计。

（2）教师示范音乐类 APP 产品信息结构图的设计步骤。

（3）教师拟定信息结构图设计的题目，进行方法指导，指导学生进行课堂实训。

2. 学生活动

（1）学生课前准备学习资料和信息结构图设计软件（XMind），在老师的指引下进行音乐类 APP 产品信息结构图设计练习。

（2）学生课后查阅大量优秀的音乐类 APP 原型图素材资料，并形成资源库。

一、学习任务导入

同学们，大家好！今天我们一起来学习如何设计与制作产品的信息结构图。信息结构图是将概念构思加以结构化的第一步，也是后续工作的辅助文档，在后续工作中还会不断地完善。我们需要先罗列出产品功能的信息内容，将构思逐渐梳理清晰，便于接下来梳理设计功能的辅助信息，同时也可以辅助服务端技术人员创建数据库。

二、学习任务讲解

1. 信息结构图设计方法

信息结构图设计主要是通过对产品需求的分析，用思维导图的方法分析与推导出整个产品的关键流程与主要内容。

思维导图，英文是 The Mind Map，又名心智导图，是表达发散性思维的有效图形思维工具。它简单却又很有效，是一种实用性的思维工具。思维导图的使用已经深入到各行各业中，以互联网和软件工程来说，思维导图常出现在需求访谈、需求分析、概要和详细设计等环节，作为设计辅助手段使用。

XMind 2020

大脑的全功能瑞士军刀，笔和纸的高科技替代者。

目前支持思维导图的制作软件较多，主要有 XMind、MindManager、MindMaster 等，运用这些软件能快速制作出一个漂亮的思维导图。以下使用的软件是 XMind。如图 4-6 所示。

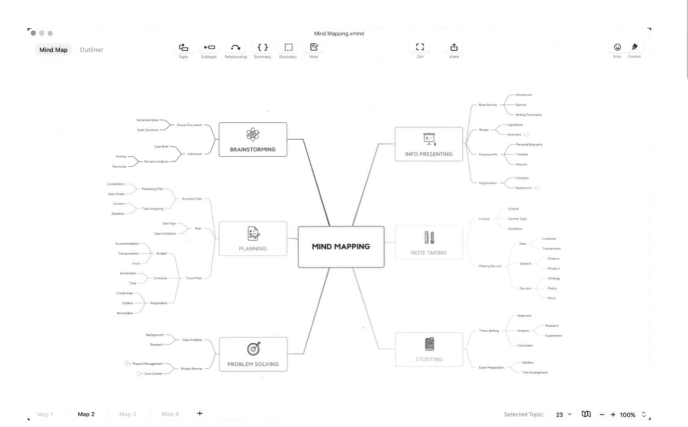

图 4-6　XMind 思维导图软件

2. 信息结构图设计与制作

1）需求分析

根据"叮咚音乐产品需求文档 V1.0"的需求策划分析，将产品分为四大主模块和两大辅助模块。四大主模块分别是找音乐、听音乐、电台和社交；两大辅助模块是个人中心和搜索。如图 4-7 所示。

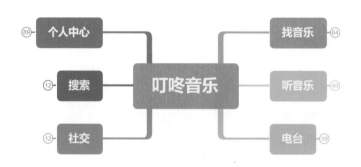

图 4-7　叮咚音乐 APP 信息结构框架

逐步细化与推导出各模块的结构细节。

（1）找音乐：叮咚音乐主打模块，将个性化推荐、歌单、主播电台和音乐排行榜作为核心要素，目的是向用户推荐符合个人口味、多元化、最新、最热门的音乐和节目。四大核心要素全方位地为用户推荐好音乐，让叮咚音乐不仅仅只是传统音乐播放器。

（2）听音乐：对个人音乐内容进行管理的模块，包括"本地音乐""最近播放""下载管理""我的歌手""我的电台""创建的歌单"和"收藏的歌单"。用户可以通过"本地音乐"查找收听本机上储存的音乐；通过"最近播放"收听最近收听的 100 首歌曲；通过"下载管理"查看下载的单曲、电台和 MV；通过"我的歌手"查看收藏的歌手。

（3）电台：通过"我的电台"查看订阅的电台节目及管理创建的歌单和收藏的歌单。

（4）社交：叮咚音乐特色模块，主打社交，通过"动态""附近"和"好友"分别实现分享互动、附近查看、添加好友的功能。

（5）个人中心：作为辅助模块，集中了很多如"个人中心""个性设置"等功能，帮助用户更好地管理和使用叮咚音乐。

（6）搜索：有"搜索栏""热门搜索"和"搜索历史"三个要素，可以满足用户定向搜索某一内容的需求。

2）信息结构图绘制

打开 XMind 软件，选择合适的思维导图模板，将"中心主题"设置为"叮咚音乐"，一级标题依次设计为"找音乐"（推荐）、"听音乐"（核心）、"电台"、"社交"、"搜索"和"个人中心"。然后再根据推导的各模块的结构细节，在一级标题下分别设计二级标题的内容，逐个补充。在软件里添加同一级主题只需按"Enter"键，添加二级子主题只需按"TAb"键。无论是一级标题的内容，还是二级标题的内容，都必须符合产品需求策划的要求。其绘制的效果如图 4-8 所示。

三、学习任务小结

同学们通过本次课对产品需求文档的研读与学习，了解了产品需求文档及项目与产品定位，学会了结合产品需求分析，归纳出项目产品的结构图，并用思维导图推导与绘制出整个产品的关键流程与信息结构图。课后，同学们可以尝试使用不同的流程图软件来制作信息结构图。

四、课后作业

根据所提供的"叮咚音乐产品需求文档V1.0"，徒手绘制原始产品结构图，并使用XMind 绘制电子版的产品信息结构图，以便完成后续方案设计。

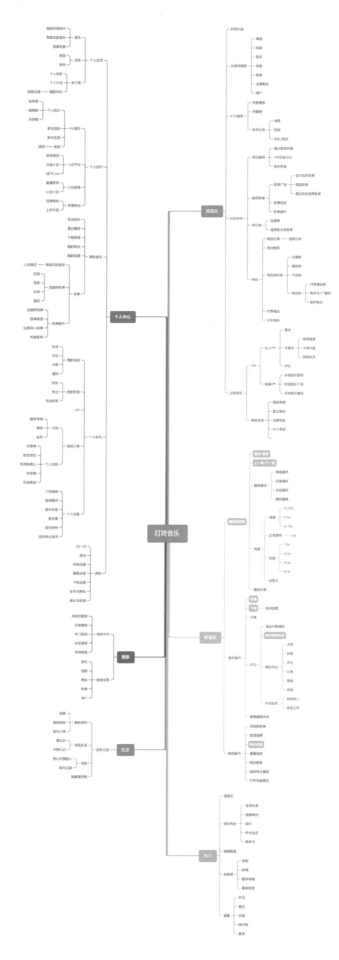

图 4-8　叮咚音乐产品信息结构图设计

音乐类 APP 原型图设计与技能实训

教学目标

（1）专业能力：根据音乐类 APP 产品的信息结构图完成原型图设计与制作，掌握原型图设计的基本步骤与方法。

（2）社会能力：了解音乐类 APP 原型图设计与制作的内容与技巧。

（3）方法能力：具备资料收集能力、归纳总结能力、图表制作能力。

学习目标

（1）知识目标：了解音乐类 APP 原型图设计的基本步骤与方法。

（2）技能目标：按照要求，自行设计制作音乐类 APP 原型图。

（3）素质目标：通过训练提高归纳总结能力，对产品需求策划提出合适的原型图设计。

教学建议

1. 教师活动

（1）教师在课堂上根据叮咚音乐信息结构图，提出合适的项目要求的原型图设计。

（2）教师示范音乐类 APP 产品原型图的设计步骤。

（3）教师拟定原型图设计的题目，进行方法指导，指导学生进行课堂实训。

2. 学生活动

（1）学生课前准备学习资料和原型图设计软件（Axure RP），在老师的指引下进行音乐类 APP 产品原型图设计练习。

（2）学生课后查阅大量优秀音乐类 APP 原型图素材资料，并形成资源库。

一、学习任务导入

同学们，大家好！今天我们一起来学习如何设计与制作产品原型图。产品原型是产品的雏形，从产品创意诞生到产品开发上市，原型在其中的作用堪称承上启下。"承上"意味着描述顶层需求，"启下"意味着通过绘制的原型，可以帮助在产品开发流程中下游的设计、技术人员快速理解、高效开发。原型图设计遵循的首要原则是在满足将产品需求转化为界面功能需求的同时，尽可能地维持原型图的美观、简洁。人类始终向往和追求一切美好的事物，即便是黑白的世界，一样会带给人美的享受。

二、学习任务讲解

1. 原型图设计软件

原型图设计是将结构化的需求进行框架化，因此原型图也被称为线框图、低保真原型图。如图 4-9 所示。

具体的表现手法有很多种，相关的辅助软件也较多，下面介绍的原型图设计软件是 Axure RP。如图 4-10 所示。

Axure RP 是一个专业的快速原型设计工具，让负责定义需求和规格、设计功能和界面的设计师能够快速创建应用软件或 Web 网站的线框图、流程图、原型和

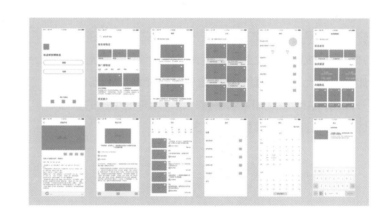

图 4-9　低保真原型图

规格说明文档。作为专门的原型图设计工具，它比创建静态原型的常用工具（如 Illustrator、Photoshop、Dreamweaver、Visual Studio、FireWorks）要快速、高效。如图 4-11 所示。

图 4-10　原型图设计软件 Axure RP

图 4-11　原型图设计软件 Axure RP 界面

2. 原型图设计规划

当逐渐明确产品需求，并梳理了产品的各个频道及页面后，就可以开始观察这些想法的具体界面表现并验证方案的可行性了。原型图设计帮助我们更细致的思考，并做各项需求的评估，同时将脑海里的想法进行输出。

以"听音乐"模块为例设计一个音乐播放界面。首先是信息沟通与展示区域，先规划音乐播放界面的上半部分，将展示信息（如"唱片封面""推荐""购买""分类""速率"等功能）归类分成三个层级。如图4-12所示。

其次是播放控制区域，将基础的控制功能按钮（如"上/下一首""播放/暂停""循环模式""播放速率"等）图形化，集合在相对手指能高频接触到的页面中下部的交互控制区域。最后是社区交互与个人管理的相关操作模块，如"收藏""下载""评论""分享"等功能，整理在播放控制区域下方，同样是手指能接触到的页面下方区域。整体形成播放界面的交互控制区域，此区域应尽量扁平与单层交互，不宜出现过多二级操作逻辑，并以图标按钮简化交互，以保持控制操作的简单直观。如果条件允许，界面的操作逻辑尽可能地和主流APP一致或和生活中认知习惯保持一致，以降低用户的学习成本。其绘制的效果如图4-13所示。

信息沟通与展示区域		
第一层	第二层	第三层
唱片封面	歌曲名字	倍速
		标签
	演唱者	购买
上/下一首歌	收藏	添加到歌单

图 4-12　信息沟通与展示区域分级

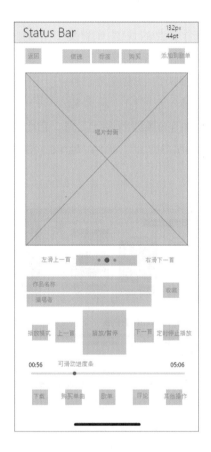

图 4-13　音乐播放界面原型图

3. 低保真原型图细化

低保真原型图：一般产品经理做的原型图叫低保真原型图，也叫线框图，给UI设计师以及开发人员看，其中文字描述比较多，要列明所有的状态以及跳转到什么页面。

中保真原型图：所谓中保真原型图，是交互设计师或者 UI 设计师做出来的原型图。基于对 APP 界面低保真原型框架的初步构想，严格按照对应设备的设计规范设定间距，并合理布局元件位置，做出来的原型图比较接近高保真设计稿。中保真原型图一般可使用 Adobe XD 或 Adobe Illustrator 等设计绘图软件制作。如图 4-14 所示。

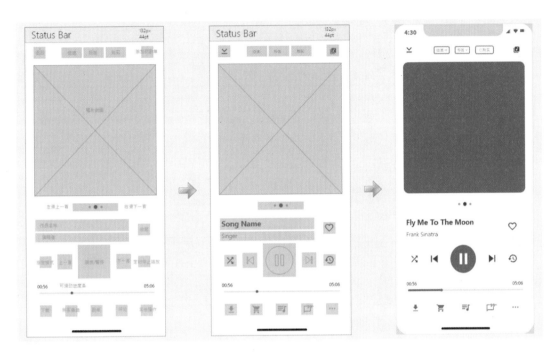

图 4-14　从低保真到中保真原型图

三、学习任务小结

通过本次课的学习，同学们已经初步了解了音乐播放界面原型图的设计与制作。原型图的设计与制作可以使用不同的软件，本次课程以 Axure RP 软件为例，课后，同学们可以尝试使用不同的流程图软件来制作原型图。

四、课后作业

根据所提供的"叮咚音乐"的产品信息结构图，使用 Axure RP 设计与绘制产品的低保真原型图，以便完成后续方案设计。

学习任务
四

音乐类 APP 界面设计与技能实训

教学目标

（1）专业能力：根据学习任务三中音乐类 APP 产品的原型图完成原型图的高保真视觉设计，掌握高保真原型图视觉设计的基本步骤与方法。

（2）社会能力：了解音乐类 APP 视觉设计的内容，掌握音乐类 APP 视觉设计的风格选择。

（3）方法能力：具备资料收集能力、艺术审美能力、视觉表现能力。

学习目标

（1）知识目标：了解音乐类 APP 视觉设计的基本步骤和方法。

（2）技能目标：按照要求设计音乐类 APP 视觉效果。

（3）素质目标：通过训练提高视觉传达设计能力，对音乐类 APP 界面作品进行鉴赏和评价。

教学建议

1. 教师活动

（1）教师根据学习任务三中的音乐播放界面原型制作出接近最终效果的高保真视觉设计原型，并结合不同类型的网络音乐播放界面特点进行讲解，激发学生的学习兴趣。

（2）教师示范音乐播放界面视觉设计的绘制步骤。

（3）教师拟定设计绘制题目，进行方法指导，指导学生进行课堂实训。

2. 学生活动

（1）学生课前准备学习资料和设计软件（Adobe XD 与 Adobe Illustrator），在老师的指引下进行音乐类 APP 产品原型图设计练习。

（2）学生课后查阅大量优秀的音乐类 APP 原型图视觉设计的素材资料，并形成资源库。

一、学习任务导入

同学们，大家好！今天我们一起来学习如何设计高保真视觉原型图。高保真原型图具有与低保真原型图相同的制作流程和信息架构，但可以展示更多的细节和页面关系。高保真原型图展示的细节比低保真原型图更深入细致，并更接近最终产品的样式。其目的是对最终产品进行讨论，包括在最终产品中看到的所有内容，例如产品的颜色、渐变、阴影、图形以及排版等。如图 4-15 所示。

图 4-15　原型图不断深化的过程

二、学习任务讲解

1. 原型图视觉设计软件

确认了需求框架后就需要进行视觉设计。与视觉表现相关的设计软件有很多种，常用的是 Adobe 公司的 Photoshop 和 Illustrator，本次学习任务介绍的原型图视觉设计软件是 Adobe XD。如图 4-16 所示。

图 4-16　原型图视觉设计软件 Adobe XD

Adobe XD 是一款一站式 UX/UI 设计平台，用户可以利用这款产品进行移动应用和网页设计的原型制作。同时它也是一款结合设计与建立原型功能，并同时提供工业级性能的跨平台设计产品。设计师使用 Adobe XD 可以高效准确地完成静态编译或者框架图到交互原型的转变。如图 4-17 和 4-18 所示。

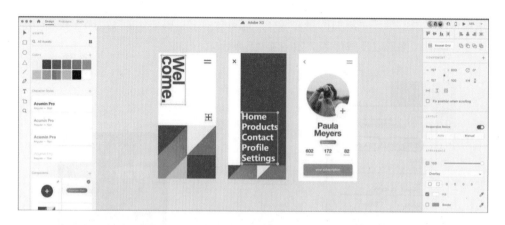

图 4-17　原型图视觉设计软件 Adobe XD 操作界面

图 4-18　用 Adobe XD 进行设计、制作原型和共享

2. 高保真原型图设计与制作

当原型图通过了需求评审，并得到需求方确认，完成中保真原型图以后，APP 产品即进入确定视觉风格的阶段。本阶段主要确定的内容包括颜色、字体、图标三大块，构成了所谓的"高保真原型图"。

1）颜色

颜色的构想可以参照 VIS 设计里的标准色的概念。分为标准色（主色）、辅助色、配色方案三方面的内容。通常使用一种彩色作为重要信息的突出色彩，配上不同深浅的黑白灰或者棕色等无彩色或者色彩感比较弱的搭配方案。这样的色彩搭配，在信息呈现方面会比较清晰。而任务中叮咚音乐 APP 定位为一款为喜欢小众音乐的人群提供个性化服务的社区化音乐平台，让用户欣赏、喜欢、发现、分享、创造音乐。目标用户以年轻、富有个性、宣扬独特音乐品位的新生代用户为主。界面突出迷幻的感觉，个性化的紫色作为主色调，配以邻近色作为辅助色进行点缀，文字以不同灰度的字体作为辅助内容，再加上简洁明快的大面积白色底，让用户在浏览的同时更直接、直观地关注到内容信息。如图 4-19 所示。

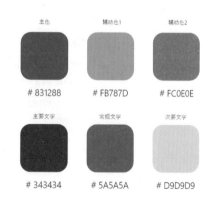

图 4-19　颜色的搭配方案

2）字体

字体设计体现在标题、阅读文字、注释三部分上。一个 APP 中的字体种类不宜太多，两到三种是最合适的，突出的数字和字体需要使用特别的字体，而其他阅读性的字体一般用粗细不同的同一种字体进行统一。这样设计可以使方案更加简洁明了，保持所有页面字体的一致性。字号要依据具体页面中元素重要性的不同而定，一般来说，为了便于清楚查看，字号不宜小于物理像素 12px。而根据 iOS 的规范，每种字体应尽量控制以 4pt 倍数的跨度区分字体大小。

在实际的工作项目中，针对中文项目的设计，字体的使用范围并不多，除了对部分数字进行凸显而选择其他英文字体外，建议统一使用微软雅黑或思源黑展开设计即可。这两套字体不仅可以免费使用，而且即使中间出现英文，这两套字体对中英文的匹配度也是非常高的。以下是移动端常用的中英文字体类型，如图 4-20 所示。

图 4-20　移动端常用的中英文字体

3）图标

APP 内的图标规格可以用两个属性来划分，即风格和大小。图标在风格上分为色块和线性两种，遵循统一、协调的原则，一个 APP 中的图标尽量使用同一种风格。

图标大小就是图标的尺寸规格，有些界面的元素权重低，图标的尺寸就小，权重高的则反之。同字体一样，图标要做出几个层级的规划，保持图标尺寸也是固定的几种。以叮咚音乐 APP 的播放界面为例，播放暂停按钮，作为页面最重要的按钮，尺寸要大一些，其他可以点击的图标次之，而表示辅助功能的下载、歌单等按钮则最小。如图 4-21 所示。

3. 高保真原型图设计的步骤

步骤 1: 打开 Adobe XD 软件，点击左上角"菜单图标→新建"，快捷键是"Ctrl+N"，如图 4-22 所示。进入欢迎页面，选择"iPhone X/XS/11pro"页面尺寸，如图 4-23 所示。

步骤 2: 打开模板素材"素材/项目四/学习任务四/底图"，导入底图模板素材，使用"移动"工具和鼠标左键调整图标的位置和大小。完成调整后，选中素材点击鼠标右键，选择"锁定"素材，快捷键是"Ctrl+L"，以便后续在底图上面设计。如图 4-24 和图 4-25 所示。

步骤 3: 根据低保真原型图（图 4-26）中的区块划分来绘制高保真原型图，首先绘制"状态区块"的各个图标、文字与框线。单击工具栏中"直线"或"钢笔"工具按钮，绘制三角线段，形成"返回"图标。

再单击工具栏中"矩形"工具按钮，绘制 24pt × 52 pt 矩形，在右边属性栏中的外观选项栏勾选"边界"，并设置大小为"2"，取消勾选"填充"，再调节矩形倒角为圆角半径"3"，为中间三个选项按钮绘制线框，如图 4-27 所示。

图 4-21　图标大小管理

图 4-22 新建文件　　　　　　　　　　　图 4-23 选择尺寸

图 4-24 底图模板　　　　图 4-25 "锁定"快捷键　　　图 4-26 低保真　　　图 4-27 调整矩形
素材　　　　　　　　是"Ctrl+L"　　　　　原型图　　　　　　外观选项

现版本的 Adobe XD 的绘图工具相对简单，如遇复杂的图标，我们可以使用 Adobe Illustrator 绘制完成后再复制粘贴到 Adobe XD，最后完成右边"添加歌单"图标。如图 4-28 所示。

状态区块

图 4-28 完成"状态区块"原型绘制

步骤 4：同样步骤，我们按低保真原型图逐个完成剩下的"展示区块""信息区块""播放控制区块""交互区块"的原型绘制，如图 4-29 所示。在模板底图中排列组合，设计规划出合理布局并微调细节。如图 4-30 所示。

步骤 5：为原型图添加品牌颜色与图片，继续细化完善原型图。选中"播放 / 暂停"按钮，调整颜色为产品主色"紫色"，Hex 数值为"#831288"。选取上半部分"状态区块"的"已购买"选框与上半部分"交互区块"的"下载"图标，同样设置成产品主色"紫色"。再点击左上角"菜单图标→导入"，快捷键是"Shift+Ctrl+I"，选择要导入的唱片封面图片，在"展示区块"的"唱片封面"矩形框里点击鼠标左键导入图片到矩形框中，最终完成播放界面高保真原型图。如图 4-31 所示。

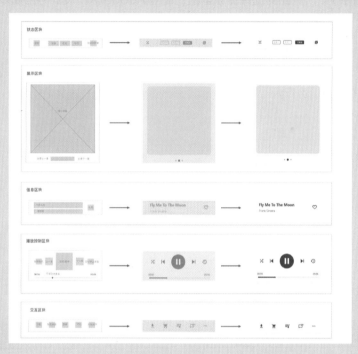

图 4-29　完成各个区块原型绘制

图 4-30　完成中保真原型图绘制　　图 4-31　完成高保真原型图绘制

三、学习任务小结

通过本次课的学习，同学们已经初步了解了从低保真原型图一步步深化到高保真原型图的设计制作方法和步骤。原型图的视觉设计与制作可以使用不同的软件，本次课程以 Adobe XD 软件为例进行制作。课后，同学们可以尝试使用不同的原型图绘制软件来制作原型图。

四、课后作业

根据所提供的叮咚音乐 APP 产品的低保真原型图，使用 Adobe XD 设计并绘制产品的高保真原型图，以便完成后续方案设计。

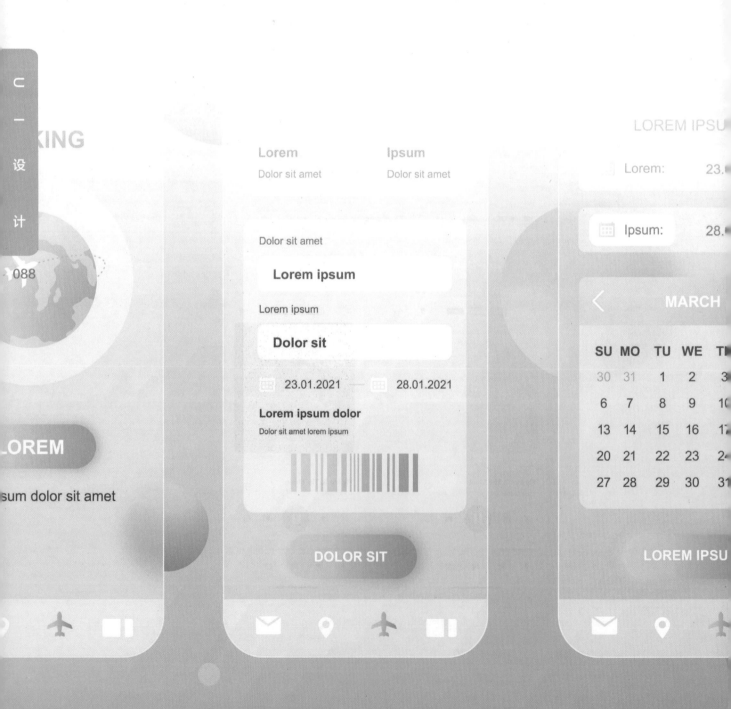

项目五
电商类界面设计
与技能实训

学习任务一　电商类 APP 产品需求策划
学习任务二　电商类 APP 原型图设计与技能实训
学习任务三　电商类 APP 交互设计与技能实训
学习任务四　电商类 APP 界面视觉设计与技能实训

电商类 APP 产品需求策划

教学目标

（1）专业能力：通过对市场上主流的电商类 APP 的分析，掌握策划、撰写电商类 APP 产品需求策划的基本步骤与方法。

（2）社会能力：了解目前商业市场上主流的电商类 APP 的产品定位和表现风格，并进行准确的归类，描述其作用。运用所学知识策划并撰写电商类 APP 的产品需求文案。

（3）方法能力：具备资料收集能力、艺术审美能力、语言组织能力、文字表达能力。

学习目标

（1）知识目标：了解目前商业市场上主流的电商类 APP 的产品定位和表现风格。

（2）技能目标：按照要求运用所学知识策划并撰写电商类 APP 的产品需求文案。

（3）素质目标：通过所学的策划知识，对电商类 APP 产品进行鉴赏分析和评价。

教学建议

1. 教师活动

（1）教师在课堂上展示商业市场上主流的电商类 APP 作品，并结合不同的产品定位和表现风格进行讲解，激发学生的学习兴趣。

（2）教师示范策划、撰写电商类 APP 产品需求的基本步骤与方法。

（3）教师拟定电商类 APP 产品需求策划的题目，进行方法指导，指导学生进行课堂实训。

2. 学生活动

（1）学生课前准备计算机、学习资料和查阅资料工具，在老师的指引下利用计算机进行策划文案的撰写。

（2）学生课后查阅大量优秀的电商类 APP 作品素材及资料，并形成资源库。

一、学习任务导入

电商类 APP 是针对进行电子交易管理的电子商务平台的移动端展示产品，以服务于产品销售为目标。电商类APP的产品需求策划是APP产品开发的第一步，在策划书中明确需求目标，为电商类APP开发指明方向，避免不必要的错误，是 APP 设计的重要一步。市场上的电商类 APP 都必须将产品需求策划作为指引。下图为市场上留存用户较多的电商类 APP。如图 5-1 所示。

图 5-1　市场上留存用户较多的电商类 APP 产品

二、学习任务讲解

电商类 APP 的产品需求策划文案包含以下四个内容板块。

1. 产品概述

对需要进行开发的电商类 APP 进行简单的文字描述，介绍产品的功能特点、产品定位、愿景、核心优势、行业现状、调研信息总结等，快速把产品的需求描述出来。

2. 用户画像、用户需求及使用场景

用户画像是对 APP 的目标使用群体进行文字描绘。基于数据分析，建立用户画像，对用户的年龄段、人群特征、使用需求、使用场景进行分析与说明。如图 5-2 所示。

3. 竞品分析

对商业市场上主流的竞争产品进行分析，挖掘竞争产品的营销与设计亮点，反思产品提升的方案。上市的

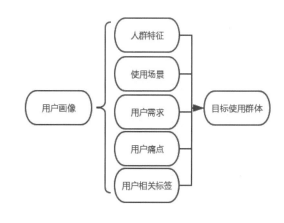

图 5-2　用户画像

竞争产品之所以能够被广大用户所熟知，必然有其长处，可以使用 SWOT 分析法进行分析，将竞品的优势、劣势、机会、威胁列举出来。通过竞品分析，可以继续优化自身的产品定位。

4. 产品的设计目标

基于前面三点的分析，就能得出 5 个层面的设计目标，分别为战略层、范围层、结构层、框架层、表现层。每层的目标如表 5-1 所示。

表 5-1 产品层级目标表

层级	设计目标
战略层	定义 APP 的总体开发目标
范围层	定位 APP 的主要特色功能
结构层	表明 APP 产品模块的呈现及交互体验
框架层	列举 APP 的交互框架
表现层	明确 APP 的视觉表现效果

5. 市场主流的电商类 APP 赏析

如图 5-3 ～图 5-8 所示。

图 5-3　市场主流的电商类 APP 1　　　图 5-4　市场主流的电商类 APP 2　　　图 5-5　市场主流的电商类 APP 3

图 5-6　市场主流的电商类 APP 4　　　图 5-7　市场主流的电商类 APP 5

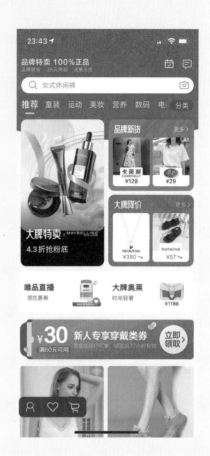

图 5-8　市场主流的电商类 APP 6

三、学习任务小结

通过本次课的学习，同学们已经初步了解了电商类 APP 产品需求策划的步骤和方法，掌握了电商类 APP 产品需求的四部分构成要素，以及构成要素之间的关系。通过对优秀电商类 APP 产品的赏析，提升了对电商类 APP 产品在产品介绍、用户需求分析、竞品分析、设计目标等方面的深层次认识。课后，大家要多总结、描述优秀电商类 APP 产品，提高自己的策划能力。

四、课后作业

（1）收集优秀的电商类 APP 产品需求策划，并进行分析。

（2）选择两种不同风格的电商类 APP 作为主题，对它们进行竞品分析。要求：按照 SWOT 分析法进行分析，将竞品的优势、劣势、机会、威胁列举出来。

学习任务 二　电商类 APP 原型图设计与技能实训

教学目标

（1）专业能力：掌握电商类 APP 原型图的基础规范和细节规范。

（2）社会能力：独立完成原型图的设计与制作。

（3）方法能力：学以致用，加强实践，通过不断学习和实际操作，掌握电商类 APP 原型图的基本知识、设计要点和设计规范。

学习目标

（1）知识目标：掌握电商类 APP 原型图的设计与制作方法。

（2）技能目标：按照要求运用所学知识设计与制作电商类 APP 原型图。

（3）素质目标：通过所学的产品需求策划知识对电商类 APP 原型图进行设计、分析和评价。

教学建议

1. 教师活动

（1）教师前期收集各种电商类 APP 原型图设计与制作的图片、视频等资料，并运用多媒体课件、教学视频等多种教学手段，提高学生对电商类 APP 原型图的直观认识。

（2）深入浅出、通俗易懂地进行知识点讲授和应用案例分析。

（3）引导课堂师生问答，互动分析知识点，引导课堂小组讨论。

2. 学生活动

（1）学生课前准备学习资料和信息结构原型图设计软件（XMind），在老师的指引下利用计算机进行策划文案的撰写。

（2）学生课后查阅大量优秀的电商类 APP 原型图素材资料，并形成资源库。

一、学习任务导入

　　各位同学，大家好，今天我们一起来学习电商类APP原型图的设计。其实原型图的设计过程就是从"低保真"到"高保真"的过程，在有限的时间及效果要求的范围内去设计产品的原型图。在时间不宽裕的情况下选择低保真原型图（图5-9）即可，先提供一个视觉框架给产品立下设计基调。如果时间宽裕，就可以制作效果更好的高保真原型图（图5-10），它能让产品展示得更为真实立体，让人们提前体验APP完成后的视觉效果。

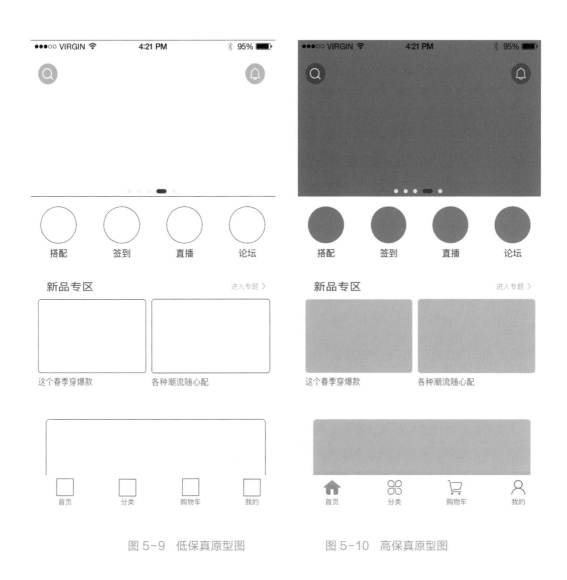

图 5-9　低保真原型图　　　　　图 5-10　高保真原型图

二、学习任务讲解

　　原型图的设计要摒弃其他元素的干扰，突出重要元素，弱化次要元素。原型图的设计稿一般只采用黑白灰作为颜色基调。在原型图的制作软件中 Axure RP 和 Pencil Project 较为常用，墨刀和蓝湖近年来使用的人数也不少。下面从基础规范和细节规范两个方面来说明如何设计规范的电商类APP原型图。

1. 基础规范

1）绘制原型图的尺寸

原型图设计一般不需要原始尺寸，考虑到绘制与查看原型图的便利性，采用等比的尺寸来设计即可。参考尺寸如表 5-2 所示。

表 5-2 原型图参考尺寸

硬件	系统	机型	分辨率	原型尺寸（px）
手机	安卓	通用	1080 x 1920	360 x 640
			1440 x 2560	360 x 640
	iOS	iphone12	1170 x 2532	390 x 844
		iphoneX	1125 x 2436	375 x 812
		iphone6/7/8Plus	1242 x 2208	414 x 736
平板	通用	通用	2048 x 1536	1024 x 768

2）原型图常用组件尺寸

原型图常用组件指经常使用的通用组件，如状态栏、顶部导航栏、底部导航栏等。以某品牌某款产品的尺寸为例，由于其最大宽度已经确定为 390px，因此需关注各通用组件高度。状态栏可以设置母版高度 44px，顶部导航栏高度也是 44px，底部导航栏高度 49px，home 键高度为 34px。如图 5-11 所示。

3）元素对齐

页面中的模块或元素要保持对齐，这样呈现出的界面视觉效果才规整有序。如图 5-12 所示。

4）运用格式塔原理

格式塔原理在原型图设计中的运用是将相关的元素组织在一起，让用户知道这些元素在任务、数据和工具上是关联的，通常用相近的位置来展示。将内容属性划归为一组的，在位置布局上距离相近，不同属性内容之间的距离相对远一些。如图 5-13 所示的电商类 APP 的分类页面，按照物品的类型、用户群体、系统操作将不同元素分成了不同模块，同一模块下相近属性的元素归为一组。

图 5-11　尺寸标注　　　　　　图 5-12　元素对齐　　　图 5-13　分类界面

5）对比与重复

原型图页面不同元素之间要有对比效果，目的是更清晰地组织页面的信息，使页面中的层级关系清晰明了，引导用户的视觉浏览动线并制造焦点。设计的相似元素可以在整个页面中多次出现。重复的元素可以是某个模块样式、某种字体、分割线、某类型图标或标识等。

在消息页面—我的信息页面中，通过背景色对比，用分割线区分与用户之间的交流对话，并且多用户的回复样式是重复排版的。消息重点在通讯，所以不必使用太多其他的装饰元素在其中。如图 5-14 所示。

2. 细节规范

1）颜色与字体或模块色值的关系

原型图模块背景或元素一般采用黑白灰颜色基调。页面中重点显示的内容，会加重字体元素颜色或采用深色块填充按钮。如图 5-15 所示，发布页面中重点的四个功能优先在页面中显示出来，其他页面图标位于发布页面的底部，只有退出发布页面才能对其操作。因此发布页面的层级是最优先的，底部的页面做了一个颜色的加深处理，优先凸显当前的功能模块。在制作原型图的时候必须始终明确，原型图的重点是呈现页面功能与梳理逻辑结构，原型图的设计重点不是颜色的搭配。

2）字体类型与字符大小

原型图中要使用相同的字体，所有页面字体要呈现一致性。字号要依据具体页面中元素重要性的不同而定，要便于用户观看。如图 5-16 所示，一级标题和二级标题要有区分，一般来讲，一级标题比二级标题大，以此类推下级内容字符的大小，所以内容字符不能超过一级标题的字符大小。

设计师在设计原型图时，在满足产品和业务需求的基础上，还需遵循普适的规范原则，这样不仅可以使原型图美观简洁，更能体现自身的美学素养与专业素质。

三、学习任务小结

通过本次任务的学习，同学们已经了解了电商类 APP 原型图的基础规范和细节规范，对原型图也有了全面的认识。在界面设计的工作过程中，原型图的设计与制作是必不可少的一环。同学们课后还要通过多看、多练，继续加深对电商类 APP 原型图制作理念的理解。

四、课后作业

（1）收集优秀的电商类 APP 原型图作品，并对其中的页面进行分析。

（2）以电商类 APP 作为主题，设计不少于五张的高保真原型图。
要求：页面尺寸为 390px X844px，页面层级、功能清晰，画面简洁。

图 5-14 对比与重复

图 5-15 颜色与字体

图 5-16 字体类型与字符大小

电商类 APP 交互设计与技能实训

教学目标

（1）专业能力：掌握电商类 APP 交互设计的三要素和工作内容。

（2）社会能力：完成页面图、流程图、信息框架图的制作，并在制作的基础上进行交互设计，使之符合交互逻辑。

（3）方法能力：学以致用，加强实践，通过不断学习和实际操作，掌握电商类 APP 交互设计的基本知识，以及页面图、流程图、信息框架图的制作等。

学习目标

（1）知识目标：掌握电商类 APP 交互设计的方法和技巧。

（2）技能目标：按照要求设计并制作出电商类 APP 页面图、流程图、信息框架图。

（3）素质目标：通过所学的交互知识对电商类 APP 进行基本的交互设计。

教学建议

1. 教师活动

（1）教师前期收集各种电商类 APP 交互设计与制作的图片、视频等资料，并运用多媒体课件、教学视频等多种教学手段，提高学生对电商类 APP 交互设计的直观认识。

（2）深入浅出、通俗易懂地进行电商类 APP 交互设计知识点讲授和应用案例分析。

2. 学生活动

（1）学生在老师的指导下进行电商类 APP 交互设计与制作实训。

（2）学生课后查阅大量优秀的电商类 APP 交互设计的素材资料，并形成资源库。

一、学习任务导入

各位同学，大家好，今天我们一起来学习电商类 APP 的交互设计。展示部分视觉效果的原型图之后，下一步工作就是进行交互设计。交互设计是一种目标导向的设计，工作内容需要围绕用户行为进行。通过设计用户的行为，使用户的行为流程合理化和易用化，让用户更便捷、更高效地达到使用目的，并获得愉快的用户体验。

二、学习任务讲解

1. 交互设计的三要素

1）用户

交互设计的服务对象是用户，所以交互设计要根据用户使用习惯及需求来指定相对应的交互流程和操作界面。这就要求交互设计师懂得换位思考，站在用户的角度去思考问题，去设想用户喜欢如何操作产品，然后根据用户的需求及心理模型去进行相应的交互设计产出。

2）需求

上述"需求"重点指用户需求。而交互设计是承接和对接产品经理的工作，产品经理会提供一系列的产品需求。交互设计师需要根据需求来进行设计，所以交互设计时需要思考的第二个要素是产品需求。在工作流程中，交互设计师需要平衡用户和产品经理这两个角色对产品的诉求。

3）使用场景

了解了用户需求和产品需求后，接下来要设想用户的使用场景。交互设计师所做的每个设计都要基于用户的使用场景来进行。场景包含"人、物、动作"三个维度，内容表现为为用户进行画像，确定用户的主要特点、需求和使用目的。如图 5-17 所示。

2. 电商类 APP 交互设计的工作内容

1）页面设计

交互设计产出的工作内容之一是界面。这里的界面指线框图界面，线框图是由简单的线条和方框构成的图，主要功能是定义界面上的元素种类、摆放形式、大小对比方式。画面表现和低保真原型图一样。但是在界面上要更多考虑交互性。如图 5-18 所示。

2）流程设计

交互设计的第二项产出是流程设计，可以是流程图，也可以是界面的指向流程图。流程设计通过对纵向完成任务的

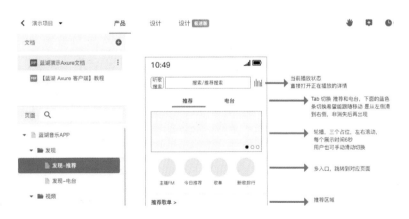

小敏	女性	26岁

小资的公司白领
人群特征：工作几年，有一定存款，希望购买到美而精的产品。

汤经理	女性	35岁

公司中层
人群特征：有一定经济实力，下班后没有充分的精力和时间去购买东西，希望通过网购可以解决购物需求。

小敏	男性	21岁

在校大学生
人群特征：课余时间喜欢购物或者网上订购自己感兴趣的潮流产品，也喜欢网购自己所需要的东西。

图 5-17　电商类 APP 用户画像

图 5-18　蓝湖软件线框图

交互点的梳理，达到让用户顺利完成相关任务的目的。对于用户来讲，交互设计流程意味着用户能够顺利完成想要完成的任务。而从业务层面来讲，以不干扰用户使用流程的方式完成业务需求，才是流程设计的重点。如图 5-19 所示。

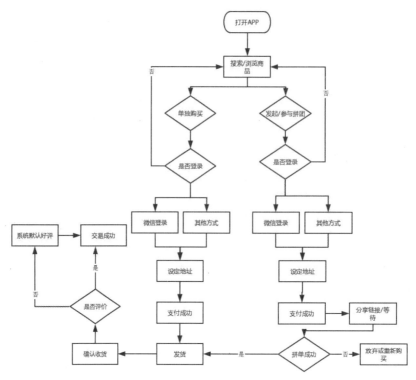

图 5-19 拼多多购物流程图

3）信息框架设计

交互设计师还有一项很重要的工作产出就是梳理产品的信息框架。当产品的内容和功能变动很大的时候，就需要进行这一步骤。好的信息框架可以让用户快速找到自己想要的东西。信息框架梳理的最终产出是思维导图，使用 XMind 软件可以快速制作思维导图。如图 5-20 所示。

交互设计的意义在于从功能角度模拟用户的使用过程，减少用户在功能操作中的障碍，提高用户的体验感，同时优化产品的使用逻辑。但是，无论是页面设计、流程设计还是信息框架设计，都只是逻辑上的模型，只有将这些逻辑表现在具体的界面上，才会有意义，才会为用户所了解、接受。

三、学习任务小结

通过本次任务的学习，同学们已经了解了电商类 APP 交互设计的基础概念、交互设计的三要素和工作内容，对交互设计也有了全面的认识。在交互设计的工作过程中，页面之间的功能逻辑是需要知识和经验的积累的。同学们课后还要通过多看、多练，继续加强电商类 APP 交互设计的知识积累。

四、课后作业

（1）收集优秀的电商类 APP，对它们的交互逻辑进行分析。

（2）以电商类 APP 作为主题，对其进行交互设计。要求：页面尺寸为 390px X844px，交互内容包括页面图、流程图、信息框架图。层级、功能要清晰明了。

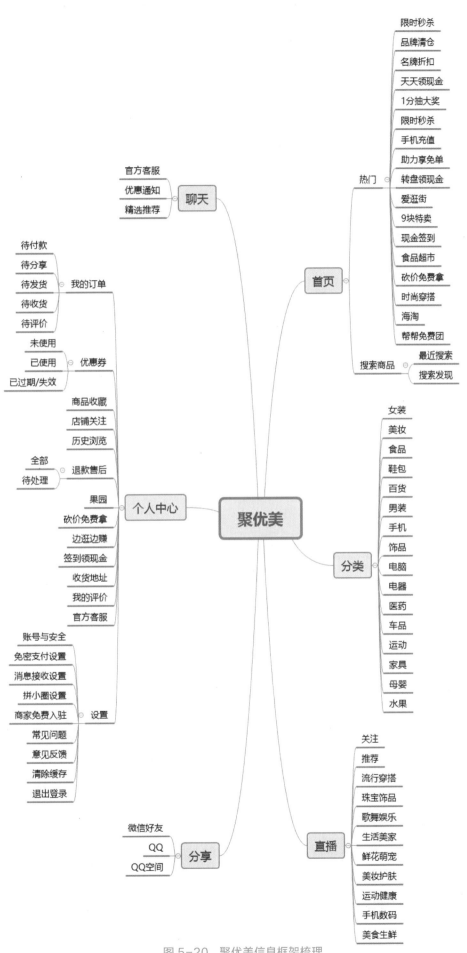

限时秒杀
品牌清仓
名牌折扣
天天领现金
1分抽大奖
限时秒杀
手机充值
助力享免单
热门 ⊙ 转盘领现金
爱逛街
9块特卖
现金签到
食品超市
砍价免费拿
时尚穿搭
海淘
帮帮免费团

首页

搜索商品 ⊙ 最近搜索
搜索发现

官方客服
优惠通知 聊天
精选推荐

待付款
待分享
待发货 我的订单
待收货
待评价

未使用
已使用 ⊙ 优惠券
已过期/失效

商品收藏
店铺关注
历史浏览

全部 ⊙ 退款售后
待处理

果园
砍价免费拿
边逛边赚
签到领现金
收货地址
我的评价
官方客服

个人中心 聚优美

账号与安全
免密支付设置
消息接收设置
拼小圈设置
商家免费入驻 ⊙ 设置
常见问题
意见反馈
清除缓存
退出登录

女装
美妆
食品
鞋包
百货
男装
手机
饰品
分类 ⊙ 电脑
电器
医药
车品
运动
家具
母婴
水果

微信好友
QQ 分享
QQ空间

关注
推荐
流行穿搭
珠宝饰品
歌舞娱乐
直播 生活美家
鲜花萌宠
美妆护肤
运动健康
手机数码
美食生鲜

图 5-20 聚优美信息框架梳理

学习任务

四

电商类 APP 界面视觉设计与技能实训

教学目标

（1）专业能力：掌握电商类 APP 界面视觉设计的基本步骤与方法。

（2）社会能力：掌握电商类 APP 界面视觉设计的风格选择。

（3）方法能力：具备资料收集能力、艺术审美能力、视觉表现能力。

学习目标

（1）知识目标：了解电商类 APP 界面视觉设计的基本步骤和方法。

（2）技能目标：按照要求设计电商类 APP 界面视觉效果。

（3）素质目标：通过训练提高视觉传达设计能力，对电商类 APP 界面作品进行鉴赏和评价。

教学建议

1. 教师活动

（1）教师根据电商类 APP 交互设计原型图制作出电商类 APP 界面视觉设计效果，并结合不同类型的电商类 APP 界面特点进行讲解，激发学生的学习兴趣。

（2）教师示范电商类 APP 界面视觉设计的绘制步骤。

（3）教师拟定设计绘制题目，进行方法指导，指导学生进行课堂实训。

2. 学生活动

（1）学生课前准备学习资料和设计软件，在老师的指引下进行电商类 APP 界面视觉设计的练习。

（2）学生课后查阅大量优秀的电商类 APP 界面视觉设计的素材资料，并形成资源库。

一、学习任务导入

各位同学，大家好，今天我们一起来学习电商类 APP 界面视觉设计。通过分析如下案例中的界面视觉设计思路，制作其中的商城页面来了解电商类 APP 主要页面的一般制作流程。如图 5-21 和图 5-22 所示，显示了会搭 APP 的商城页面、我的页面。

二、学习任务讲解

1. 分析并制作思维导图

思维导图有助于设计师了解 APP 页面中的逻辑结构，统筹安排信息元素的数量和信息位置。图 5-23 为本案例要制作的会搭 APP 的思维导图，思维导图决定了会搭 APP 的基本框架。通过观察此图，确定需要制作的页面和页面之间的逻辑关系。

图 5-21　会搭 APP
商城页面

图 5-22　会搭 APP
我的页面

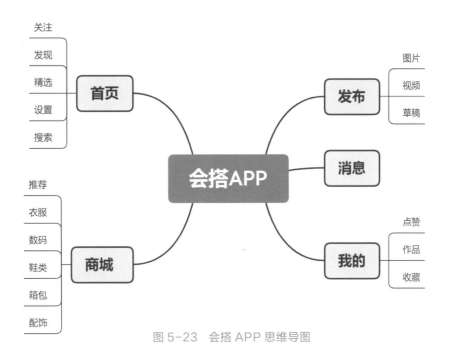

图 5-23　会搭 APP 思维导图

2. 确定主色调

会搭 APP 是以推荐搭配和销售服饰、包包、鞋类和饰品为主的电商平台，目标用户以青年消费者为主，界面采用较为柔和的橙色作为主色调，突出青年消费者的活力和自信，也让用户在浏览的同时不会因为色调太过抢眼而忽略了内容。同时，以不同灰度的灰色为辅助色调。如图 5-24 所示。

3. 规划页面布局

根据思维导图，在设计商城页面时，将服装、包包、鞋类和饰品作为主要分类，下面加上以重点内容推荐为主的Banner。"猜你喜欢""时尚达人"等版块依次向下排列，并加入商品的文字内容，以引起用户注意。在"我的页面"，以展示用户的个人动态或者个人短视频内容为主，优先考虑用户的使用习惯。可参考市场上同类APP的页面布局，在符合整体风格的前提下，让用户更容易操作。

4. 会搭 APP 商城页面视觉设计步骤

步骤1：执行"文件→新建"，尺寸设置如图5-25所示，案例尺寸选择390px X844px。

步骤2：使用"标尺"工具确定界面的状态栏、顶部导航栏、底部导览栏和Home键的预留高度及安全区域，如图5-26所示。并将状态栏导入并置于顶部位置。

步骤3：使用"矩形"工具及"圆角矩形"工具框选出各区域的内容板块，以确定各个板块的位置，便于后续图片及文字的放置，如图5-27所示。圆角矩形设置为15像素，如图5-28所示。

主色调

#deb985　#f6b401

辅助色调

#42403c　#5c5c5c　#dddfdf

图 5-24　会搭 APP 主色调及辅助色调

图 5-27　各区域板块

104

图 5-25　新建文件　　图 5-26　确定安全区域　　图 5-27　各区域板块　　图 5-28　圆角矩形设置参数

步骤4：打开素材"素材/项目五/学习任务四/图标"，导入图标素材，结合使用"移动"工具和鼠标左键调整图标的位置和大小，使用"圆角矩形"工具绘制"发布"图标，如图5-29和图5-30所示。图标文字字符大小为36点，如图5-31所示。

步骤5：继续打开素材"素材/项目五/学习任务四/Banner图片"，导入顶部导航栏图标素材，使用"圆角矩形"工具创建搜索框，圆角矩形设置为45像素。标题文字字符大小为50点，选择状态的标题文字字符大小为64点。打开"素材/项目五/Banner图片"导入，使用"剪切蒙版"工具将图片置入矩形，然后使用"移动"工具将图片缩放到合适的大小，如图5-32所示。使用"椭圆"工具制作轮播图形，如图5-33所示。

图 5-30 图标位置

图 5-31 字符设置

图 5-29 导入图标

图 5-32 使用"剪切蒙版"工具

图 5-33 轮播图形制作

步骤 6：输入文字"猜你喜欢"，字符大小为 50 点，使用"矩形框选"工具制作底下的矩形，并置于文字下方。打开"素材/项目五/学习任务四/图片 01"导入，使用"剪切蒙版"工具将图片置入矩形，然后使用"移动"工具将图片缩放到合适的大小。输入板块标题文字，字符大小为 44 点，内容文字字符大小为 40 点。如图 5-34 所示。

步骤 7：复制第一个板块的所有内容，结合使用"移动"工具和鼠标左键调整板块的位置和大小，将板块里的图片及文字进行替换，如图 5-35 所示。这样可以避免重复操作前面的步骤，只需要更换素材图片及文字即可。页面完成图如图 5-36 所示。

图 5-34 制作猜你喜欢板块

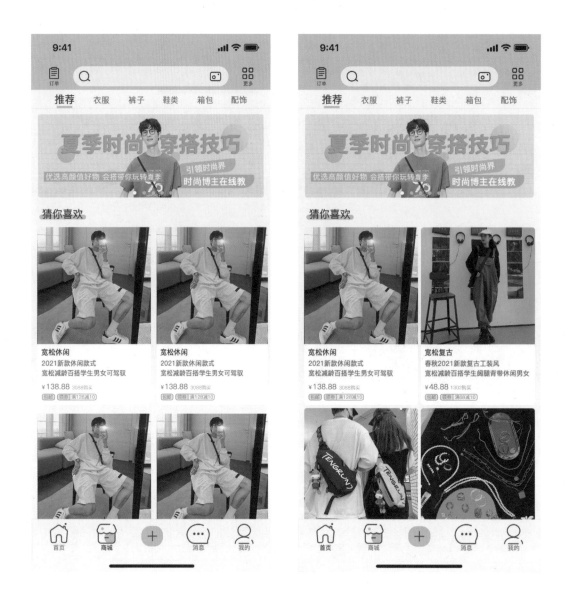

图 5-35　复制板块内容　　　　　　　图 5-36　商城页面完成图

三、学习任务小结

　　通过本次课的学习，同学们已经初步接触与了解了电商类 APP 界面视觉设计的步骤及方法。通过对电商类 APP 商城页面的制作，提升了同学们对电商类 APP 界面视觉设计流程的认识。课后，大家要做到多看、多练，逐步掌握电商类 APP 界面视觉设计方法。

四、课后作业

（1）收集优秀的电商类 APP 界面视觉设计作品，并进行分析。

（2）设计其他类型的电商类 APP 的界面视觉效果。

项目六
游戏类界面设计
与技能实训

学习任务一　网页游戏产品定位

学习任务二　网页游戏界面信息结构图设计与技能实训

学习任务三　网页游戏界面原型图设计与技能实训

学习任务四　网页游戏界面视觉设计与技能实训

学习任务 一

网页游戏产品定位

教学目标

（1）专业能力：通过对枪战类游戏界面的定位分析，掌握网页游戏界面的特点、设计流程。

（2）社会能力：对目前商业市场上主流的枪战类网页游戏进行市场调研，并进行准确的数据分析、数据处理和产品定位。

（3）方法能力：具备资料收集能力、数据分析能力、图表设计能力。

学习目标

（1）知识目标：了解枪战类游戏界面的产品定位的步骤和数据处理。

（2）技能目标：按照要求，对市场调研得出的数据进行处理和分析。

（3）素质目标：通过训练提高市场调研的能力，对枪战类游戏界面进行精准的产品定位。

教学建议

1. 教师活动

（1）教师在课堂上展示优秀的网页游戏界面作品，并结合不同的游戏界面进行讲解，引出游戏界面设计的流程，并激发学生的学习兴趣。

（2）教师示范枪战类游戏界面的产品定位分析的步骤。

（3）教师拟定设计市场调研的题目，进行方法指导，指导学生进行课堂实训。

2. 学生活动

（1）学生课前准备学习资料和市场调研数据，在老师的指引下进行基础的数据分析练习。

（2）学生课后查阅大量优秀的网页游戏界面素材资料，并形成资源库。

一、学习任务导入

同学们，大家好！今天我们一起来学习如何对网页游戏产品进行产品定位。网页游戏界面在当下的网页界面中比较常见，游戏界面因其表现力和感染力较强，故能吸引用户的眼球。在网页游戏的界面设计中，设计师非常重视界面的视觉效果和交互性。在设计过程中应通过富有感染力的图形和按钮，使其具有游戏的特性，让用户获得感官上的享受，达到情感共鸣。图 6-1 是游戏剑灵网页界面，图 6-2 是游戏乱世王者网页界面。

图 6-1　游戏《剑灵》网页界面

图 6-2　游戏《乱世王者》网页界面

二、学习任务讲解

1. 网页游戏界面

网页游戏界面是网页界面的一种，是玩家与游戏之间进行沟通的桥梁。玩家通过游戏界面对游戏中的各个环节、功能进行了解和选择，实现游戏视觉和功能的切换，并对游戏角色进行控制。游戏界面能及时反馈玩家在游戏中的状态。

2. 网页游戏界面设计的流程

一个游戏界面设计的流程大体包括需求、分析设计、调查验证、方案改进和用户体验反馈五个阶段。

1）需求阶段

游戏类界面设计离不开3W（Who、Where、Why），即使用者、使用环境、使用方式的产品定位分析。因此，设计游戏网页之前应该明确什么人用（用户的年龄、性别、爱好、收入和受教育程度等）、什么地方用（办公室、家庭、公共场所）、如何用（用鼠标键盘、手柄、屏幕触控）等。除此之外，在需求阶段必须了解同类竞争产品，只有知己知彼，才能做出更加适合用户的产品。

2）分析设计阶段

通过分析上述需求后，就进入了设计阶段，也就是方案的形成阶段。设计师可以根据设计需求，选择合适的原型图布局、交互方式和视觉样式，设计一个完整的网页界面。

3）调查验证阶段

设计师经过分析设计阶段，得出几个设计方案，并对这几个设计方案进行调查认证，挑选出最合适的设计方案。

4）方案改进阶段

经过用户调研，得出最适合用户的方案，以及通过了解用户的其他需求等，对设计方案做出适当的修改。

5）用户体验反馈阶段

修改更正后的方案就可以推向市场，但是设计过程并没有结束，设计师还需要进行用户反馈，多与用户交流接触，了解用户在使用过程中遇到的问题等，为今后的版本升级积累素材和经验。

3. 枪战类网页游戏界面的市场调研

随机抽取100名玩枪战类游戏的用户，让他们参与本次的市场调研，其数据分析如下：

1）使用者

经过抽样调研结果得出，在100位被调查的用户中，年龄在16岁以下的有8人，在16～25岁之间的有64人，在25～35岁之间的有27人，年龄在35岁以上的有1人。如图6-3所示。

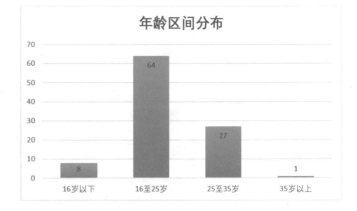

图6-3　年龄区间分布

2）性别

在调查样本中，有83名男性，17名女性。

经分析，在玩枪战类游戏的用户中，以年轻的男性为主，男女比例约为8：2。如图6-4所示。

3）教育程度

调查得出，学历为初中的有 8 人，高中学历的为 17 人，大学学历的有 71 人，大学以上学历的有 4 人。如图 6-5 所示。

4）使用环境

在调查样本中，有 82 人经常在家玩网页游戏，13 人经常在公共场所玩游戏，只有 5 人在办公室玩游戏。如图 6-6 所示。

5）使用方式

在调查样本中，使用鼠标玩游戏的占 76%，使用游戏手柄的占 12%，使用屏幕触控的方式玩游戏的占 8%，综合使用鼠标、手柄、屏幕触控的方式玩游戏的占 4%。如图 6-7 所示。

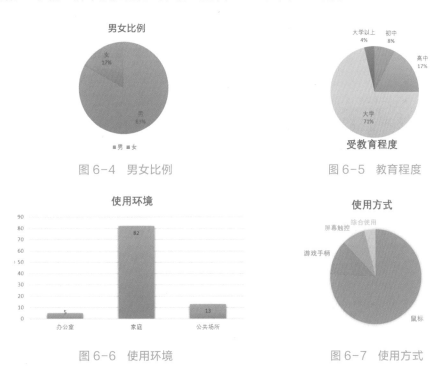

图 6-4　男女比例　　　　　　图 6-5　教育程度

图 6-6　使用环境　　　　　　图 6-7　使用方式

4. 枪战类网页游戏界面的产品定位

由调查数据分析得出：玩枪战类网页游戏的用户主要以 16 ～ 25 岁的男性为主，学历为大学者居多，以使用鼠标的方式为主。

根据调查结果得出：设计制作枪战类网页游戏界面应主要针对 16 ～ 25 岁的男性而设计，目标人群可以定位为在校男大学生，设计网页游戏的交互方式应以鼠标操作为主。

三、学习任务小结

通过本次课的学习，同学们已经初步了解了确定枪战类游戏界面的产品定位的步骤和数据处理方法，并且能够通过训练提高市场调研的能力，能够对枪战类游戏界面进行产品定位分析。只有在不断的实践中，才能发现用户真正的需求，做出令用户满意的产品。课后，大家要做到多看、多练，逐步掌握网页游戏界面设计的产品定位。

四、课后作业

尝试进行棋牌类网页游戏界面的产品定位分析。

学习任务

二

网页游戏界面信息结构图设计与技能实训

教学目标

（1）专业能力：通过对枪战类网页游戏界面信息结构图进行设计与制作，掌握网页游戏界面信息结构图设计的基本步骤与方法。

（2）社会能力：了解网页游戏界面信息结构图设计与制作的内容与技巧。

（3）方法能力：具备资料收集能力、归纳总结能力、图表制作能力

学习目标

（1）知识目标：了解网页游戏界面信息结构图设计的基本步骤与方法。

（2）技能目标：按照要求，灵活制作网页游戏界面信息结构图。

（3）素质目标：通过训练提高归纳总结能力，对产品需求策划提出合适的信息结构图设计。

教学建议

1. 教师活动

（1）教师在课堂上根据学习任务一中枪战类网页游戏的产品定位，设计合适的枪战类网页游戏界面信息结构图。

（2）教师示范枪战类网页游戏界面信息结构图设计的基本步骤。

（3）教师拟定信息结构图设计的题目，进行方法指导，指导学生进行课堂实训。

2. 学生活动

（1）学生课前准备学习资料和信息结构图设计软件（XMind），在老师的指引下进行枪战类网页游戏界面信息结构图设计练习。

（2）学生课后查阅大量优秀的游戏界面信息结构图素材资料，并形成资源库。

一、学习任务导入

同学们，大家好！今天我们一起来学习如何设计与制作网页游戏界面信息结构图。网页游戏界面信息结构图是整个网页界面各部分内容的分类，相当于网页的架构，网页的交互设计与视觉样式设计都是在这个架构的基础上进行的，可以直接体现产品定位的内容。

二、学习任务讲解

1. 信息结构图设计规划

根据枪战游戏的需求策划分析，将枪战类网页游戏的界面信息结构图设计分为三部分的内容，分别为页头设计、页尾设计和页中设计。页头设计主要是导航条的设计。页尾设计主要是版权信息和健康游戏忠告内容。而页中设计则为最重要的设计内容，包含了主图、开始游戏按钮、登录界面、游戏服选择、轮播图设计、新闻公告、特色栏目介绍等内容。

2. 信息结构图设计与制作

信息结构图设计使用的软件是 XMind。选择合适的思维导图模板，并将"中心主题"设置为"枪战类网页游戏"，一级标题依次设计为"导航"（页头设计）、"内容"（页中设计）和"版权"（页尾设计），然后再根据一级标题相应地设计二级标题的内容。无论是一级标题的内容，还是二级标题的内容，都必须符合产品定位的要求。其绘制的效果如图 6-8 所示。

三、学习任务小结

通过本次课的学习，同学们已经初步了解了网页游戏界面信息结构图的设计与制作。信息结构图的设计与制作可以使用不用的软件，本次课程以 XMind 软件为例。课后，同学们可以尝试使用不同的流程图软件来制作信息结构图，如 MindMaster 等。

四、课后作业

制作棋牌类网页游戏的界面信息结构图。

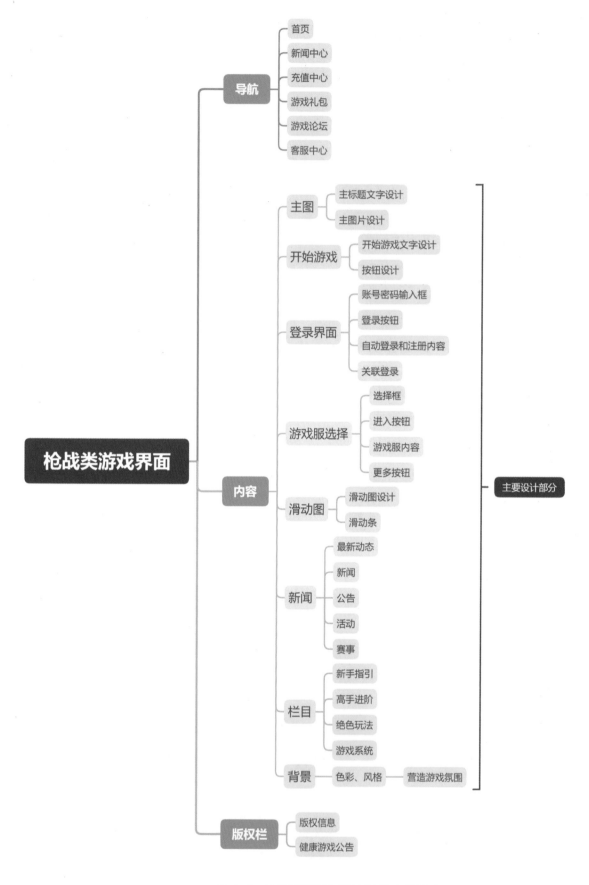

UI 设 计

图 6-8　枪战类网页游戏的界面信息结构图

学习任务 三 网页游戏界面原型图设计与技能实训

教学目标

（1）专业能力：根据枪战类网页游戏的界面信息结构图完成原型图的设计与制作，掌握原型图设计的基本步骤与方法。

（2）社会能力：了解网页游戏界面原型图设计的内容与技巧。

（3）方法能力：具备资料收集能力和归纳总结能力。

学习目标

（1）知识目标：了解网页游戏界面原型图设计的基本步骤与方法。

（2）技能目标：按照要求，灵活制作网页游戏界面原型图。

（3）素质目标：根据网页游戏界面的信息结构图设计出合适的网页游戏界面原型图的内容。

教学建议

1. 教师活动

（1）教师在课堂上根据学习任务二中枪战类网页游戏界面的信息结构图，列举合适的枪战类网页游戏界面原型图。

（2）教师示范枪战类网页游戏界面原型图的设计步骤。

（3）教师拟定原型图设计的题目，进行方法指导，指导学生进行课堂实训。

2. 学生活动

（1）学生课前准备学习资料和软件制作工具，在老师的指引下进行枪战类网页游戏界面原型图设计练习。

（2）学生课后查阅大量优秀的游戏界面原型图的素材资料，并形成资源库。

一、学习任务导入

同学们，大家好！今天我们一起来学习如何设计与制作网页游戏界面原型图。原型图设计主要包括设计产品的功能、用户流程、信息结构、交互细节和界面元素等。原型图能够帮助我们合理地组织并简化内容和元素，是网页内容布局的基本视觉表现方式，也是网页设计过程中的一个重要环节。

二、学习任务讲解

1. 原型图制作的方法

画原型图有很多种方法，可以用纸笔，也可以运用 Photoshop、Illustrator、Visio 等软件，或者使用专业的原型图创建软件 Axure，只要将产品定位分析和信息结构图考虑的内容在原型图中体现出来即可。

在原型图的制作中，最常见的就是线框图。使用线框图可以让用户和设计师在初期就能够对网站有一个清晰明了的认知，能够激发设计师的想象力，使其在创作的过程中有更多的发挥空间。并且能够给开发者提供一个清晰的架构，让他们知道需要编写的功能模板，能够让每个页面的跳转关系变得清晰明确。

2. 网页游戏界面原型图设计规划

第一部分是导航栏设计。网页中的导航设计主要是方便用户浏览网站，快速查找所需的信息。根据对枪战类游戏网页的产品定位，将其导航栏的设计分为"首页""新闻中心""充值中心""游戏礼包""游戏论坛"和"客服中心"。并且将导航栏设计在网页的顶部，用户在选择某个主导航菜单后，该导航栏的菜单文字会显示为绿色，与其他导航栏菜单区分，使用户明确当前页面。如主导航栏有二级导航栏，相关信息将会在下方显示，非常直观。本次原型图设计主要以网页游戏界面的首页为设计对象。

第二部分是 Banner 设计。Banner 为网页界面最吸引眼球的部分，往往也是页面界面设计中占比最大面积的部分，因此 Banner 常常用来推广该产品主打的活动。

第三部分是用户登录区。用户登录区包含了"账号""密码""登录""下次自动登录""忘记""立即注册""其他账号登录"和"开始游戏"等内容，其中"开始游戏""账号""密码"和"登录"这些常用的选项结合了按钮的设计，应突出其功能，满足用户的使用需求。"其他账号登录"的选项结合相关图标进行设计。

第四部分是主要信息展示区。该区包括"活动公告""新闻专区""游戏服选择""新手指引""高手进阶""特色玩法""游戏系统"等。其中"活动公告"包括四个公告内容，采取轮播显示效果。"新手指引""高手进阶""特色玩法"和"游戏系统"设计为一级标题和二级标题内容，以"新手指引"为例，将鼠标移至其上方后变成绿色，则显示二级标题的内容"主角介绍""基本操作""装备介绍""任务系统""自动寻路"和"界面介绍"。

第五部分为页尾设计。页尾设计主要为公司联系方式、产品告示和相关法律法规等内容。

3. 网页游戏界面原型图制作

根据网页游戏界面原型图设计规划的内容，使用相关的原型图制作软件将其制作出来。这里使用的软件是 Illustrator，其绘制的效果如图 6-9 所示。

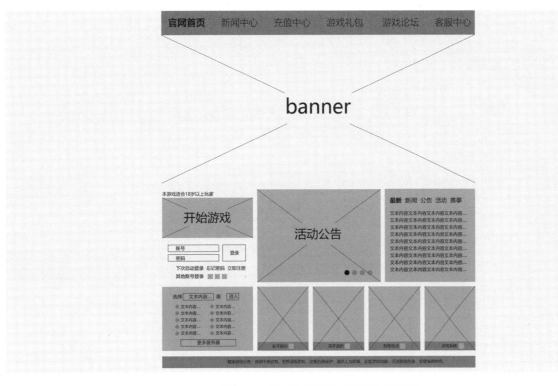

图 6-9　枪战类网页游戏界面的原型图

三、学习任务小结

　　通过本次课的学习，同学们已经初步了解了网页游戏界面原型图设计。原型图需紧扣用户体验进行设计，因此同学们可以多了解涉及用户体验方面的内容。课后，同学们可以使用不同的软件尝试为其他类型的网页游戏界面设计原型图。

四、课后作业

　　制作棋牌类网页游戏界面原型图。

学习任务 ④

网页游戏界面视觉设计与技能实训

教学目标

（1）专业能力：通过对枪战类网页游戏界面视觉设计，掌握网页游戏界面视觉设计的基本步骤与方法。

（2）社会能力：掌握网页游戏界面视觉设计的风格选择。

（3）方法能力：具备资料收集能力、艺术审美能力、视觉表现能力。

学习目标

（1）知识目标：了解网页游戏界面视觉设计的基本步骤和方法。

（2）技能目标：按照要求设计网页游戏界面视觉效果。

（3）素质目标：通过训练提高视觉传达设计能力，对网页游戏界面作品进行鉴赏和评价。

教学建议

1. 教师活动

（1）教师根据学习任务三中的网页游戏交互设计原型图制作出网页游戏界面视觉设计效果，并结合不同类型的网页游戏界面特点进行讲解，激发学生的学习兴趣。

（2）教师示范枪战类网页游戏界面视觉设计的基本步骤。

（3）教师拟定设计绘制题目，进行方法指导，指导学生进行课堂实训。

2. 学生活动

（1）学生课前准备学习资料和设计工具，在老师的指引下进行网页游戏界面视觉设计的练习。

（2）学生课后查阅大量优秀的网页游戏界面视觉设计的素材资料，并形成资源库。

一、学习任务导入

同学们，大家好！今天我们一起来学习如何设计网页游戏界面视觉效果。视觉设计是一种信息表达的方式，充满美感的网页界面会让用户从潜意识中青睐它，同时加深用户对产品品牌的再认识。由于每个人的审美观不尽相同，因此必须面向目标用户去设计网页界面的视觉效果。本次课程以枪战类网页游戏界面视觉设计为例展开。

二、学习任务讲解

1. 枪战类网页游戏界面视觉设计分析

1）背景设计

枪战类网页游戏具有激烈的游戏氛围，所以在设计枪战类网页游戏界面时以人物和游戏场景作为网页的背景，形成浓郁的游戏氛围。

2）字体设计

主题文字的设计要体现枪战类网页游戏的激烈特点，故采用受到暴击而劈裂的字体样式。

3）按钮设计

开始游戏的按钮设计，通过图层样式的添加，体现其质感和层次感。

4）色彩运用

该网页使用蓝紫色作为主色调，强调了冷静和深邃的主题，符合枪战类网页游戏的意境；辅助色采用绿色，加强了页面的整体协调感；文字使用了白色，则增强了内容的可辨别度。如图 6-10 所示。

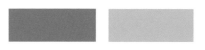

RGB (134, 76, 248)　　RGB (49, 186, 96)　　RGB (255, 255, 255)

图 6-10　色彩运用

5）效果构想

网页中的内容采用了图文结合的方式进行表现，标题与正文内容区分明显，并采用简短的文字描述，使用户能够快速阅读。为页面中相应的元素添加交互效果，可以给用户很好的提示和指引，从而使用户在感官和操作上获得良好的体验。如图 6-11 所示。

顶部导航栏
与站内搜索

突出主题

图文结合的表
达方式，内容
更清晰、易懂

底部版权信息
与游戏忠告

图 6-11　效果构想

2. 枪战类网页游戏界面视觉设计的步骤

步骤 1：执行"文件→新建"，如图 6-12 所示。

步骤 2：打开素材"素材 / 第 6 章 / 背景 1.png"，结合使用"移动"工具和鼠标左键调整背景图片的位置和大小，突出图片中的人物部分。新建"色彩平衡"图层和"自然饱和度"图层，其设置参数如图 6-13 和图 6-14 所示。调整后图像效果如图 6-15 所示。

步骤 3：单击工具箱中的"矩形"工具按钮，在画布中绘制黑色（RGB 数值 :0,0,0）矩形，并将图层的不透明度改为 60%，然后使用"变形"工具（快捷键 Ctrl+T），按 Ctrl+Alt+Shift 的同时结合鼠标左键，将绘制的矩形变形成梯形效果。如图 6-16 所示。

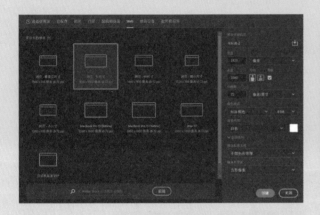

图 6-12　新建文件　　　　　　　图 6-13　调整"色彩平衡"　　图 6-14　调整"自然饱和度"
　　　　　　　　　　　　　　　　　　　　图层参数　　　　　　　　　图层参数

图 6-15　步骤 2 完成效果

图 6-16　步骤 3 完成效果

步骤4：单击工具箱中"文字"工具按钮，在步骤3中绘制的梯形中输入"官网首页 HOME、新闻中心 NEWS、充值中心 RECHARGE CENTERS、游戏礼包 GIFTS、游戏论坛 GUSTOMER SENTER、客服中心 FORUMS"等导航栏的文字内容，其设置内容如图6-17和图6-18所示，并使用"对齐"工具将各组内容对齐，其效果如图6-19所示。

步骤5：在步骤4的各组文字中，加入分栏的线条，使其具有逻辑感。这里使用的方法是，先使用"画笔"工具绘制出白色的线条，然后使用"图层蒙版"对线条进行修饰，形成线条两端是虚化的效果。其效果如图6-20和图6-21所示。

步骤6：创建一个组，将导航栏中的所有图层内容拖进去，并将这个组命名为"导航栏"，其效果如图6-22和图6-23所示。

步骤7：打开素材"素材/第6章/文鼎霹雳体.TTF"，双击该字体安装，安装过程如图6-24所示。使用"文字"工具输入文字"组建队伍""燃情出击"，其字体设置参数如图6-25所示。最后调节两组字体之间的间距，最终效果如图6-26所示。

步骤8：使用"矩形"工具绘制矩形，并添加"内阴影"效果，其设置参数如图6-27所示。打开素材"素材/第6章/纹理1.png"，添加"图层蒙版"后效果如图6-28所示。

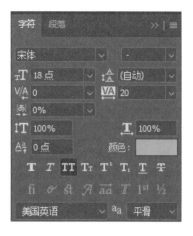
图6-17　中文字体参数

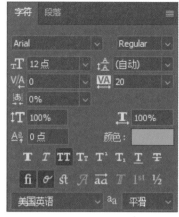
图6-18　英文字体参数

图6-19　步骤4完成效果

图6-20　线条效果

图6-21　步骤5完成效果

图6-22　图层显示效果

图6-23　建组效果

121

图 6-24　安装字体

图 6-25　设置字体参数

图 6-26　步骤 7 完成效果

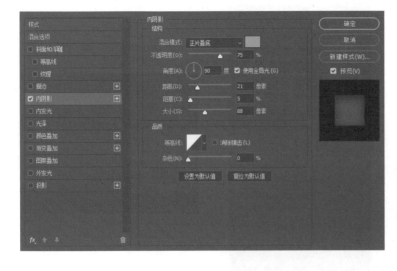

图 6-27　设置"内阴影"

图 6-28　步骤 8 完成效果

步骤 9: 使用"文字"工具输入文字"开始游戏""GAME START",其文字设置参数如图6-29和图6-30所示,并为"开始游戏"加上"内阴影"效果,加强字体感染力。最后使用"画笔"工具为按钮加上边框效果。在"开始按钮"上方使用"文字"工具输入字体"本游戏适合18岁以上的玩家",其效果如图6-31所示。

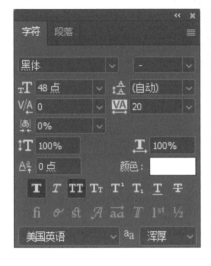

图 6-29　设置中文字体　　　　图 6-30　设置英文字体　　　　图 6-31　步骤 9 完成效果

步骤 10:使用"矩形"工具绘制白色矩形,将该图层的不透明度设置为25%,并设置"内阴影"效果。然后在矩形里使用"文字"工具输入文字"账号",其效果参考图6-32。按照同样的方式制作"密码"和"登录"按钮的效果,如图6-33所示。

步骤 11:打开素材"素材/第7章/图标.png",使用"魔棒"工具选择QQ、微信、微博的图标,并调节比例大小,放置在合适的位置,其效果如图6-34所示。

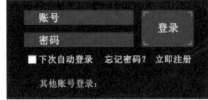

图 6-32　按钮设计效果　　　　图 6-33　步骤 10 完成效果　　　　图 6-34　步骤 11 完成效果

步骤 12:参照步骤10和步骤11,完成"游戏服务器"内容的制作,其效果如图6-35所示。

步骤 13:制作轮播图。打开素材"素材/第6章/坦克1.jpg",使用"剪贴蒙版"工具对素材进行裁切,其效果如图6-36所示。新建图层,使用"渐变"工具,设置"紫、绿、橙"三色渐变,其设置参数如图6-37所示,并将图层的不透明度设置为60%,图层混合模式改为"减去",新建"亮度/对比度调整图层",将亮度对比度的参数调高,其效果如图6-38所示。

图 6-35　步骤 12 完成效果

图 6-36　裁切效果　　　　　　图 6-37　设置渐变参数　　　　　图 6-38　步骤 13 完成效果

步骤 14：使用"文字"工具输入文字"全程戒备""决战在即""HIGHEST ALERT"，并将字体的倾斜角度设置为 80° 左右，然后使用"画笔"工具添加边框效果，可结合"橡皮擦"工具对边框进行修改，最终效果如图 6-39 所示。

步骤 15：使用"画笔"工具和"对齐"工具制作轮播显示效果，其效果如图 6-40 所示。

图 6-39　步骤 14 完成效果　　　　　　　　图 6-40　步骤 15 完成效果

步骤 16：使用"文字"工具和"矩形"工具完成"新闻栏"的内容制作，其效果如图 6-41 所示。

步骤 17：使用"矩形"工具绘制矩形，打开素材"素材 / 第 6 章 / 人物 1.jpg"，建立"剪贴蒙版"，其效果如图 6-42 所示。

步骤 18：使用"矩形"工具绘制两个矩形。将一个矩形设置为绿色，将图层混合模式设置为"穿透"；将另一个矩形设置为黑色，将不透明度设置为 60%，其效果如图 6-43 所示。并在该图片上使用"文字"工具输入文字内容"主角介绍、基本操作、装备介绍、任务系统、自动寻路、界面介绍"，其效果如图 6-44 所示。

设 计

124

图 6-41　步骤 16　　　　图 6-42　图片剪切效果　　　图 6-43　图层混合效果　　　图 6-44　步骤 18 完成效果
　　　　完成效果

步骤19：参照步骤17的方法，打开素材"素材/第6章/人物2.jpg""素材/第6章/人物3.jpg""素材/第6章/坦克2.jpg"，完成剩下栏目内容的制作，其效果如图6-45所示。

图6-45 步骤19完成效果

步骤20：使用"矩形"工具和"文字"工具完成页尾内容的制作，其效果如图6-46所示。

图6-46 页尾设计效果

步骤21：整体调整画面内容，最终完成效果如图6-47所示。

图6-47 整体视觉效果

项目六
游戏类界面设计与技能实训

125

三、学习任务小结

通过本次课的学习，同学们已经初步了解了网页游戏界面视觉设计的方法和步骤。网页游戏界面视觉设计体现创作者的设计构思和手绘表现技巧，只有通过反复的练习才能熟能生巧。课后，大家要做到多看、多练，逐步掌握网页游戏界面视觉设计方法。

四、课后作业

设计棋牌类网页游戏界面视觉效果。

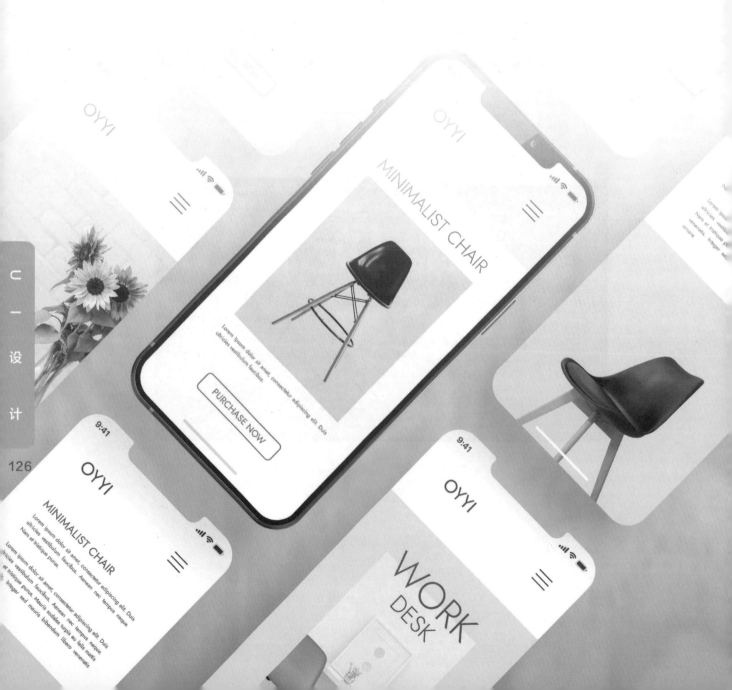

项目七
UI 设计优秀
案例欣赏

教学目标

（1）专业能力：学会赏析优秀的 UI 设计案例。

（2）社会能力：具备一定的 UI 设计与制作能力。

（3）方法能力：具备信息和资料收集能力，设计案例分析、提炼与归纳总结能力。

学习目标

（1）知识目标：运用专业知识分析优秀 UI 设计作品。

（2）技能目标：总结和归纳优秀 UI 设计作品的优点。

（3）素质目标：培养学生的艺术鉴赏能力和沟通交流能力。

教学建议

1. 教师活动

教师展示和分析收集的 UI 设计优秀案例，提高学生的 UI 设计鉴赏能力。

2. 学生活动

分析教师展示的 UI 设计优秀案例，提高自身的 UI 设计鉴赏能力。

一、学习问题导入

各位同学，大家好！本次课我们一起来欣赏优秀的 UI 设计作品，并通过欣赏作品提高大家的 UI 设计水平与鉴赏能力。大家可以运用专业知识分析优秀 UI 设计作品在版面、界面、图标、色彩等方面的设计技巧，并归纳总结出一定的设计规律。

二、学习任务讲解

1. 手机 APP 界面设计欣赏

（1）旅游类 APP 界面欣赏，如图 7-1 和图 7-2 所示。

图 7-1 旅游类 APP 界面 1

图 7-2 旅游类 APP 界面 2

（2）景区类 APP 界面，如图 7-3 和图 7-4 所示。

图 7-3 景区类 APP 界面 1

图 7-4 景区类 APP 界面 2

（3）育儿教育类 APP 界面，如图 7-5 和图 7-6 所示。

图 7-5　育儿教育类 APP 界面 1

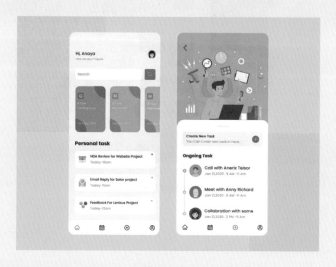

图 7-6　育儿教育类 APP 界面 2

（4）行程日历类 APP 界面，如图 7-7 ~ 图 7-9 所示。

图 7-7　行程日历类 APP 界面 1

图 7-8　行程日历类 APP 界面 2

设计

图 7-9　行程日历类 APP 界面 3

（5）诊所类 APP 界面，如图 7-10 和图 7-11 所示。

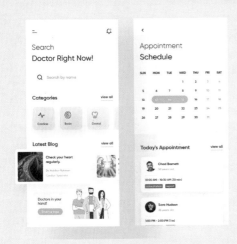

图 7-10　诊所类 APP 界面 1

图 7-11　诊所类 APP 界面 2

（6）学习类 APP 界面，如图 7-12 和图 7-13 所示。

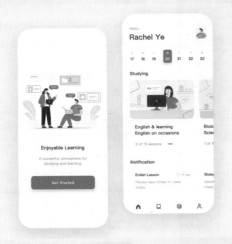

图 7-12　学习类 APP 界面 1

图 7-13　学习类 APP 界面 2

（7）家装类 APP 界面，如图 7-14 和图 7-15 所示。

图 7-14　家装类 APP 界面 1

图 7-15　家装类 APP 界面 2

（8）购物类 APP 界面，如图 7-16 和图 7-20 所示。

图 7-16　购物类 APP 界面 1

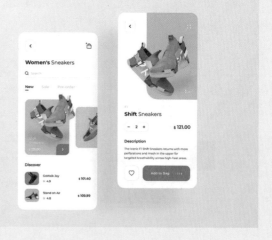

图 7-17　购物类 APP 界面 2

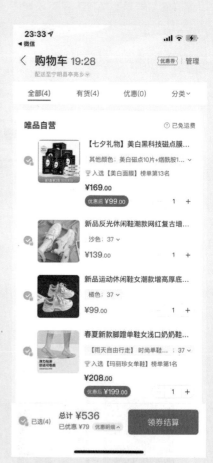

图 7-18　唯品会 APP 界面

图 7-19　手机天猫 APP 界面

（9）烹饪类 APP 界面，如图 7-20 和图 7-21 所示。

图 7-20　烹饪类 APP 界面 1

图 7-21　烹饪类 APP 界面 2

2. 网页游戏界面设计赏析

如图 7-22 ～图 7-31 所示。

图 7-22　剑灵官网首页界面

图 7-23　神龙工商夏日福利页面

图 7-24　萌芽录页面 1

图 7-25　萌芽录页面 2

图 7-26　萌芽录页面 3

图 7-27　以爱之名界面首页 1

图 7-28　以爱之名界面首页 2

图 7-29　以爱之名界面首页 3

图 7-30　以爱之名界面首页 4

图 7-31　以爱之名界面首页 5

三、学习任务小结

　　通过本次任务的学习，同学们已经初步掌握了优秀 UI 设计作品的鉴赏方法，同时开阔了眼界，提升了设计水平。课后，同学们要多收集优秀的 UI 设计资料，建立自己的 UI 设计素材库，为今后的 UI 设计工作储备素材。

四、课后作业

　　收集 30 个 UI 设计优秀案例，制作成 PPT 进行分享。

参考文献

[1] 王铎 . 新印象 · 解构 UI 界面设计 [M]. 北京：人民邮电出版社，2019.

[2] 孙芳 .APP UI 设计手册 [M]. 北京：清华大学出版社，2018.

[3] 田海 . 零基础学 UI [M]. 成都：电子科技大学出版社，2016.

[4] 柯皓 . 写给大家看的 UI 设计书 [M]. 北京：电子工业出版社，2020.

[5] 夏琰，余燕，周晓红 . 移动 UI 交互设计 [M]. 北京：人民邮电出版社，2019.

[6] 王京晶，刘丰源，郑龙伟 .Photoshop CC UI 设计案例教程 [M]. 北京：人民邮电出版社，2019.

[7]Art Eyes 设计工作室 . 创意 UI Photoshop 玩转移动 UI 设计 [M]. 北京：人民邮电出版社，2019.

[8] 李开华，蔡英龙，苏炳银 . 移动 ui 设计案例教程 [M]. 北京：航空工业出版社，2020.

[9] 娜塔莉 · 纳海 .UI 设计心理学 [M]. 北京：中国人民大学出版社，2019.

[10] 蔡赟，康佳美，王子娟 . 用户体验设计指南：从方法论到产品设计实践 [M]. 北京：电子工业出版社，2019.

[11] 常丽，李才应 .UI 设计精品必修课 [M]. 北京：清华大学出版社，2019.

[12] 李晓斌 .UI 设计必修课：交互 + 架构 + 视觉 +UE 设计教程 [M]. 北京：电子工业出版社，2017.

[13] 高金山 .UI 设计必修课：游戏 + 软件 + 网站 +APP 界面设计教程 [M]. 北京：电子工业出版社，2017.

[14] 曲德森，郑真 .UI 设计 [M]. 武汉：华中科技大学出版社，2017.